财富觉醒

胡钦元 著

SPM 南方传媒 | 广东经济出版社

·广州·

果麦文化 出品

推荐语

大道无形。钦元兄是罕见的“财富杂家”，其知识面令人大开眼界。与坐而论道的经济学家、金融专家不同，他亲身拥抱市场浪潮，激情又冷静，敏锐又严酷，洞悉缝隙之中、人迹罕至之处的财富洼谷，探囊取物一般收获超凡的财富增值。这一切看似简单，但当你近距离了解他的生活和思考方式，会发现这既是天赋，也是功夫。他把合理合法且高效地获取财富的方式方法做成了学问，也做成了爱好。

——零幺宇宙执行总裁 上官芸

老胡是对财富理解很深的人，拥有独到的见解和感悟。祝愿老胡在与财富同行的路上有更多新的探索和发现。

——好友 马占凯

钦元兄是投资天才，无论是对政策面的理解还是对市场基本面的领悟，都堪称楷模。这几年在投资市场上，我不止一次见证他在沮丧的底部入场，在欢愉的顶部离场。

——公众号“王陶陶”主理人 王陶陶

钦元是一个极具洞察力和高纬度智慧的人，对财富有着深刻、独到的见解。读书，做事，不断提升自己的认知，并通过持续践行思行合一影响着身边的好友们。

——埃睿迪信息技术（北京）有限公司联合创始人、总裁 王燕

我与钦元相识于公益项目，欣赏他做事的热情、执着和睿智。得知钦元将把公益作为余生的事业重心，我十分高兴。本书是钦元多年财富管理工作的思考与总结，相信对财富家庭和公益人士都将大有裨益。希望钦元在未来的公益道路上，让这些智慧结晶发挥更大作用，助推财富成为向善的力量。

——律师、资深公益人 李明

胡钦元博士勤学好问、心诚志远。善于在实践中发现知识的不足，并迅速找到恰当之方予以弥补；也善于在读书中发现理论的实践之道，敏捷地觅得稳妥之法引入实战。他的知与行、理论与实践、德性与才干、个人修为与经世济民，由相扶而互构，由互构而融合，由融合而混元，可称楷模。

——中国政法大学教授、博导 《罗马史纲》等作者 李筠

与胡钦元交流，会瞬间感受到他的思维敏捷，思路清晰，观点新颖，表达独到。他研究问题专注，善于“开小口、挖深井”。他叙事直率，耐人寻味，有益地帮助他人解决难题。

——空军研究院原高级工程师、军事期刊原主编、梦工坊青年中心监事会监事长 李宝玉

认识钦元多年，他始终呈现一种砥砺前行、不断向上的状态，一步一个脚印，一年一个台阶。相信他能以这种状态取得更多成就！

——海银资本联合创始人 李东平

钦元是我非常佩服的弟弟，为人谦逊，待人真诚，数年如一日地阅读和思考。他乐于分享，将自己的认知和实践不断向外延展。《财富觉醒》将为你打开一扇智慧之门，助你从更高的维度穿越迷雾，看清财富本质，获得人生自由。不可错过！

——鼎萃资本创始合伙人 李晓燕

胡先生在财富管理领域展现出卓越的直觉和商业洞察力。他的著作则充分体现了他对财富管理的深刻理解，将为读者提供宝贵的财务建议。胡先生以其深厚的业务经验和丰富的知识，为读者提供理解财富的独特视角，这是一本对追求财务成功和投资智慧的读者来说不可多得的书。

——亚洲骑士无国界医疗团团长 刘韦锋爵士

钦元兄在我眼中是位修行者。他一直坚持用文字记录时间，用行动实践洞见，“知行合一”体现在他生活的方方面面。

——资深投资人 刘泉

2019 年看到马斯克发布星舰原型的时候，我想，这样敢想敢做的人怕是屈指可数，直到我认识了钦元。

——德意志交易所集团中国区首席代表 朱镜宇

以我之光，温暖四方。胡钦元既是虚怀若谷的翩翩少年，又是忠诚的时间记录者，更是公益慈善的践行者。

——金财互联 CEO 吴亭仪

钦元为学如水上撑船，一篙不曾放缓。他的毅力是常人所不及，他的慧心敏行更是令人钦佩。

——浙江钜子公益基金会理事长、浙江大学公共管理学院继续教育部部长 邱华

财富不是数字，而是人性的整体呈现，财富的事更是人间至情至性之事。钦元是至情至性之人，听至情至性之人聊至情至性之事，恰到好处，淋漓酣畅。

——中国政法大学副教授、博导《谁的问题》作者 孟庆延

钦元兄胸怀大志且思想深邃，此书作为他内心的观照值得深读。更难得的是他数年如一日地践行书中的理念，全心投入慈善公益事业，这种精神是我们的社会真正需要的。

——胖哥俩肉蟹煲创始人、董事长 张灵瀚

老胡是个特别的人，他对金钱的了然令我动容。他还是我在生活中仅见的、每天以精确到分的方式记录自己时间的人，仅此一点，也值得你读读这本书。

——花镇创始人、情感大师 冷爱

认识钦元有些年了。由大师傅带大的钦元，为人诚恳好学，交游甚广，对时局理解至深。钦元早已财务自由，对于财富管理、家族传承也有至深的理解。改革开放四十年，“家族办公室“在我国还是个新词，相信钦元的新书能够给高净值人群一些财富传承的思路，能够助中国诞育真正的百年家族打好基础。

——抱抱堂传媒创始人 林水洋

钦元是有江湖历练的思想家，是实用主义熏陶出来的“野生”文人，会赚钱，有思想，懂生活，热心慈善。通透人生百态，尽在钦元金句。

——乾照光电董事长 金章育

钦元是我认识的人里少见的对财富有直觉力的人。直觉不是系统的，也不是可习得的，但却可以从特定角度直抵本质。

——上海外国语大学教授 《枢纽》《破茧》等作者 施展

老胡兼具底层人生智慧和高层战略视野，他在实践中很好地融会了这两者，尤其是在创造财富的过程中。

——水滴集团联合创始人 郭南洋

煤炭、地产、数字资产、科创……这些年亲见钦元踩中一个个风口，又都潇洒地退出。所谓“财运”，也许只是觉醒得比别人早一步。

——公众号“政事堂”主理人 顾子明

作者从十三岁开始经商，多年的海外生活赋予他广博的知识和丰富的见识，展现了非凡的商业头脑，经历了近乎传奇的人生。然而，他依然选择回国并致力于公益，并将公益视为一生的事业。他的启发将激励读者追寻梦想，用知识和经验回报社会。

——苏尚儿集团创始人、董事长 诸葛冬和

钦元是我的榜样，他热心青年培养和公益事业，通过各种方式为社会创造价值的同时，还能美满地经营好自己的家庭。我俩因梦工坊青年人才培养工作而结识，钦元现担任副理事长。这些年，他用理想之光践行对青年的承诺，用切实行动助力青年发展，为青年学生就业与创业保驾护航。书如人，期待他的新作！

——梦工坊青年人才发展中心理事长 靳宝强

实践出真知，情怀且专业，努力有方向，前途无限广。

——中国外汇研究院 谭雅玲

在见过的上千位“牛人”和智者中，胡钦元先生是我最敬佩的同龄人，他拥有超一流的认知和实践能力，在人群中极为罕见。我们见过很多次面，次次都令我震撼。终于，我忍不住要帮他策划一本书，让更多的人从中受益。《财富觉醒》是价值万金的人生破局宝典，相信我，反复读，必有巨大收获。

——本书策划人、《一年顶十年》作者 剽悍一只猫

前 言

说起“财富”，它是和“时间”“幸福”“心灵”一样无比重要的概念。很多人理所当然地以为自己懂财富是什么，却又经不起深入的追问。对于这些人生哲学层面的概念，我们只有追问得越彻底、思考得越深入，才越有可能掌握人生真谛，把握好自己的人生意义。

有一个直白而深刻的段子：多人共乘一部电梯，有的人站着，有的人做俯卧撑，有的人深蹲，还有人来回晃，出奇一致的是，所有人都认为自己的努力是抵达目标楼层的原因，但实际上是电梯将他们送达的。

再延伸一下，假如你现在在五楼，目标是前往十楼，所乘坐的电梯却在下行，你应该做些什么？

当然是换一部上行的电梯，对吧？

现实中的情况也一样。很多人在国家发展的浪潮中把握机遇赚了大钱，于是都觉得自己之所以成功，是因为自己的英明神武和不遗余力的奋斗。当发展速度放缓时，他们本能地依赖固有路径，更努力，更“卷”，结果付出得更多，收益却日渐缩小，此时如果还坚信一切全靠奋斗所得，就难免会开始迷茫、焦虑，进而开始抱怨，甚至放弃。

想要继续向上，分明就应该转变思维方式，找到第二曲线，更换赛道。

所以，什么是财富？财富仅仅就是钱财、富裕吗？

如果你现在还相信“努力就会赚到钱”“钱能让人幸福”“一招鲜，吃遍天，我可以一路保有财富”，那当下的种种变革一定会给你当头棒喝。

想要守住财富进而赚取更多财富，是时候重新理解财富了。

财富，是个体可掌控、可支配的资源，是以自我为中心构建起来的，包括健康、自我实现、亲密关系、亲子关系、社会关系、财务资产、教育传承在内的一整套系统。

承载一个量级的财富，需要有与之匹配的身体素质、认知水平、技能包与社会关系，任何一环出现问题，人都会被财富的自重压垮。获取并承载更大财富的过程，本质上也是一个生命各维度都要修行并变得足够厚重的过程。

这世上有一部分人，心怀梦想，并执着地认为自己就是能改变世界的人，他们敢于创造、敢于冒险、敢于尝试践行，不甘于平庸、不甘于安逸、不甘于沉湎现状，眼里有光、心中有火。这些人要么是卓越者，要么是正走在通向卓越的路上，他们享受这个追求卓越的过程，财富只是他们追求卓越的过程中得到的副产品。

正在读这本书的你，也必然是这种人。

本书会通过一系列对人生问题的解答，带你认清财富本质，进而合理驾驭财富，享受幸福人生。

比如成长提升，说到底是读书、壮游、见高人。那么，如何最高效地阅读？如何让自己见多识广？如何和“牛人”产生深度连接？

比如家庭和谐，说到底是家族、婚姻、下一代。那么，如何构建兴旺家族？如何使婚姻幸福美满？如何培养杰出的下一代？

比如人生道路，说到底是生命、心力、决断力。那么，如何让自己的生命饱满？如何在大风大浪中保持战略定力？如何在人生的每个分岔口都选择正确？

比如底层技能，说到底是表达、社交、影响力。那么，如何一开口就能打动人？如何有效扩大自己的人脉？如何在新媒体时代提高影响力？

比如财富累积，到底如何总能跟上时代大势并不断地以钱生钱？又到底如何理解资产配置？

比如好运加持，为什么在关键时候总能遇上贵人提携相助？到底在哪些方面做对了？

比如公益转型，为什么现在这个阶段要投入公益事业？它背后的逻辑是什么？

以上所有问题，又有哪些可复制的原则和方法论，且最好“拿来即用”？

这些，我全都毫无保留地写出来了。根据我的个人判断，近些年仍有不少机会。希望这本手册，能为苦苦寻找新方向但唯独少一个“工具”的你，带来及时的帮助。

期待你向我分享成长路上的好消息。

目 录

地基

跃升

地基

生命

如何让自己的生命更有意义？

假如生命还剩下最后一天

有一个值得每天都问自己的问题是：假如今天是生命的最后一天，你要怎么度过？

这也是一个几乎所有人都曾想过的问题。如果只是无关痛痒地想一想，不会留下什么深刻的印记，只有每日不间断地反复追问自己，并赋予这个问题郑重的含义，才不会虚度光阴。

我个人的生活态度颇为简单，“朝生暮死、每日清零”。每天一睁开眼，都把这一天当作生命的最后一天来过；入睡前，则自带仪式感地回顾一天的得失。惜寸阴是我虔诚的信仰，无比郑重的心态自然会把每一分钟都过得无比踏实。正是这样认真的每一天，最终累积成了我顺遂的人生。

以终为始，向死而生。只有在生命结束时，或者生命结束了一段时间后，我们才可以评价生命的意义。这反而给了我们一个“作弊”的机会，提前来设想：“假如我离开了这个世界……”以生命终结反向思考意义，有助于我们做出优先排序。

不妨经常问问自己这样几个问题：

* 假如我离开了这个世界，别人尤其是我的家人、朋友会怎么

评价我?

* 假如我离开了这个世界，我希望能留下些什么?

* 假如我离开了这个世界，我的悼词 / 墓志铭会写什么?

不同阶段，人的意义也是不一样的。所谓一代人有一代人的使命，在山河残破、救亡图存的时候，那些舍生忘死的先烈就是民族的英雄；在一穷二白搞建设的时候，铁人王进喜等各领域建设标兵就是英雄；在改革开放、融入世界的时候，抓住风口，建立起商业帝国，促进经济发展的先锋人物就是英雄；那到了现在，在民族复兴的新时代背景下，该由什么人来诠释新时代的意义？又是什么人会成为新的英雄?

过去三十年吃到发展红利的企业家和中产阶级所面临的最大问题是：虽然财富已经积累到一定程度，但在大发展背景下，他们忙于工作、赚钱，忽略了家庭、教育等人生的其他维度。

作为具备勇于担当、敢于创新、百折不回精神的企业家，在大变革的历史关口，需要停下来再看看，“财富”到底意味着什么，以及新时代下，自己的生命意味着什么。

如何拥有持续的动力？

做任何事都需要有动力。我们从小被教育、被灌输的理念就是“好好学习”，考上好中学、考上好大学，找到好工作，就能过上体面幸福的人生。于是我们习惯了清晰明确的外在目标驱动，上学是以成绩为驱动，工作则是以升职加薪为驱动。

很多人一辈子都不会反思，这样的生活是不是自己想要的，甚至压根就不会思考在按部就班的生活之外的活法。一旦这些“天经地义”的目标出现变化，他们自然瞬间就失去了人生的方向，开始陷入迷茫焦虑的旋涡，空耗生命。

唯有热爱带来真正的内驱力。

我们在行动的时候，通常都会考虑做这件事对自己有什么好处，会计算投入产出比。然而有些事情，是我们一直都特别想去做的，它源自我们对于自己生命意义的认识，源自对一个问题的反复追问和思考：“是否我一辈子就愿意干这件事，无论结果如何，都内心欢喜？”

我们会觉得做这件事很值，即使没有物质收益也愿意去做，甚至愿意为了这件事，牺牲个人的金钱乃至生命。

事实上，这世上最宝贵的那些东西，信仰、科学、哲学、道德、秩序，都是靠一些人抱着一往无前的牺牲精神才得以发展的。

以我自己为例，小时候，上学不是什么愉快的事，除了看课外书，所有课我都不喜欢，那时的学习对我来说，就是一桩苦差事。进入社会后，对学习这件事就有了更多的感悟和选择权，原来“学习”并不仅仅只有坐在教室里听讲这一种方式，“世事洞明皆学问”，可以根据自己做的事，开展有针对性的学习和训练。

人产生了兴趣，内在的驱动和激励就会变强，读专业书籍也会变得像读课外书一样有趣。我开始觉得学习和读书变得很纯粹，这是源自于生命的一种需要。带着功利目的去学习时的行为动机还不能算是内在的召唤，因为一旦遇上专业性特别强的东西，人便会面临一种强迫感。

于是，终身学习变成了人生系统的支柱之一，拓展认知变成了最大的快乐，那怎么还会觉得学习苦呢？

再拓展开来说，当财富不断累积后，你以为生活会变得每天飞鹰走狗、纸醉金迷吗？

事实上，凡是物质资本到了一定地步的人，都会以追求智慧为目标，以拓展生命可能性为根本动力，会把每分每秒都用在自身的提升与进步上。这个时候的动机，已不是来自外部的物质激励，而是来自我们自身内在的需求。当然，在别人看来，这反而更累了。

如何提高生命的密度？

在单位时间内尽可能多历练。

人的认知是由外界信息所反向塑造的。人类一代代进化，变得越来越有见识，不但能站在前人的肩膀上，而且接收的信息密度呈指数级增长。

现在的孩子越来越聪明，重要原因在于他们生在互联网时代，每天被动接收的信息量远高于我们当年。

道理是相通的。

一方面，“输入—沉淀—输出”，不断提升信息输入量级，多思考、多经历，最后将这些提炼转化成智慧。

另一方面，保持健康长寿，是最现实也最重要的事。

有了这两方面的认知，我们的生命安排就变得非常清晰，每天 24 小时的时间都应该投注在健康和历练上，质量越高越好。

一旦认清高质量生命的基础逻辑——活得久和历练得多，那么我们当下的思维和做事的方式就会有别于绝大多数人。

最后再留一个问题供你思考：如果奔着 120 岁去活，你最该关注的核心是什么？

如何让自己活得长久？

对于健康，我的总结就是十二个字：起居有常、饮食有节、适当锻炼。非常简单，但要每天执行到位。

具体涉及睡眠、饮食、锻炼以及规避健康风险等方面，所以：

1. 睡眠质量是重中之重，修行者每天需要冥想，普通人则要保证有足够的高质量睡眠，这个时间是 6 ~ 8 个小时不等。

2. 饮食有节，不能吃太饱，营养均衡。这一点说起来简单，能做到的或有意识在做的，却只有小部分的人。

3. 挑自己喜欢的锻炼方式，每天坚持。

4. 不抽烟、不喝酒、不做提高健康风险的事。

综上，生物学、营养学、运动学的相关知识都需要有所掌握，保证自己精力充沛，并活得越长越好。而每一次熬夜、每一口垃圾食品、每一次想要健身却偷的懒，都是生命的亏损。

如何增加自己的历练？

历练其实就是八个字：不停折腾，终生迭代。

具体方法有三条：一是挑战自己的能力极限，二是与卓越的人为伍，三是养成不断进步的习惯。

人生是过往所有经历的集合，大脑认知某种意义上也是由经历反向塑造的。

以我为例，因为天资愚钝，很小的时候受母亲影响，形成了"不折腾不成活"的大脑回路。即便如今对人生已经有了一定的掌控力，潜藏在我灵魂深处的、对未来的恐惧却依然存在。

爱折腾的内在驱动，演化成了终生迭代的核心根基。

因为爱折腾，单位时间内所经历的就多，遇上好运气的机会也明显增多，于是形成了一种迷之自信：非常执着地认为运气就是偏重于我。遇上再难过的坎，我也近乎偏执地相信，在某个柳暗花明处，一定会有贵人相助，或是出现解决办法。

事实证明，从小到大，运气就确实一直跟着我，从未离开。

如何具体感受生命?

人最宝贵的是生命，生命表现在具体感受上，就是两个字：时间。

所以生命的意义就在于有限的时间内可以活成什么模样。

每个人都有必然的终点，时间面前人人平等。假设正常平均寿命是 75 岁，那么如果能活到 100 岁，就相当于多活了 25 年。

当你坚持养生锻炼，在持续而稳定的投入中获得复利效应，便会和那些不注意健康的同龄人渐行渐远，生生从死神手里抢回了数十年。

生命长度就是阅历丰富的保证，比如 112 岁（虚岁）仙逝的周有光老爷子，还有享年 105 岁的杨绛先生。往远了说，司马懿熬死了所有惊才绝艳的对手，可不就成了最后的赢家嘛。

现如今的科技更是为人类提供了无限可能性，为健康所做的付出就是一笔在你名下切实的投资。

生命的深度也可视作是“折腾”的频率和思考的密度。

感谢连接世界的互联网，我经常会发现，有这么一些人，他们的生活丰富多彩，能人所不能，既在本专业达到很高的水准，还有时间去周游世界、玩摄影、看极光，同时他们也是极有品位、深具生活情趣的人，美酒美食，样样不落。

你会不由得感慨，每个人的时间都一样，人家的生活密度怎么就能达到那种程度，那才真是每一分钟都在活出价值。

发现没有？生活的意义，并不单纯是停留在纸面上的理论问题，更是一个有关如何把时间填充起来的实践问题。

我们的生命有什么意义，全看时间去了哪里，又被如何使用。

我个人的日课之一就是时间记录，这种记录本质上是将生命量化。如果你想感受一下，不妨也试着开始做时间记录，没有定性要求，先从最简单的记录开始。

那么如何让生命变得饱满呢？我的体会是，要体验人生，非犯错不可。

冒犯到别人的利益、感情、权利后，我们才能学会克制傲气，约束自己的冲动，变得圆融通达，唯有如此，才可以说是已经学会生活。

时刻提醒自己：

行动、再行动、持续行动；

打磨、再打磨、反复打磨；

经历、再经历、不断经历。

日三省吾身：我有没有做出行动？我是不是在打磨自身？我有没有在丰富经历？

如果答案是肯定的，相信你已经拥有饱满而有意义的生命了。

心力

如何相信并守护自己的发心？

为什么发心很重要？

阳明先生说“人须在事上磨炼做功夫，乃有益”，日本“经营之神”稻盛和夫也说“工作就是修行”。

我们对人、对己、对事的态度也反映出我们对待生命的态度，应该以极度认真的态度，尽可能把事情做到极致。这是一个磨人的过程，很痛苦，很“反人性”，但也会使人受益颇多。

可以激发精神力量的一个有效方法是：为一件事情赋予意义。这样我们就会足够重视起来，然后树立起将这件事做好的决心，在行动上更谨慎认真，并持之以恒。

我们的言行举止是认知思维的外在体现，对于任何事情，我们所愿意付出的努力、做出的牺牲、投入的时间精力金钱，往往和重视的程度成正比，这就是阳明先生说的“知行合一”。

如果对一件事情根本就不在意，我们也就不会过多关注，而只会用一小部分力量去应付。

发心的重要性就在这里，它决定了我们究竟能够激发多大的精神力量，从而影响事情最终的结果走向。

如果你想要改变，必须有一往无前的态度。

成长是不断突破自己极限的过程，只有向极限挑战，才有可能发挥出你的最大潜力。

每一件事情都可以变成修炼的机会，行走坐卧皆可修炼，关键在于一切的源点：发心。

如何点亮心中的力量？

突破，本质上是对自己的攻伐，会带来痛入骨髓的体验，但也是卓越者的必经之路。

远方的殿堂象征着心中的梦想，而脚下这条路，则意味着必然会经历的筋骨寸断之痛。尽管抵达殿堂、获得成功的可能性不能说没有，但也微乎其微，大概率还是会面临失败。这种情况下，你会如何选择脚下的路？

100% 经受非人的折磨，经受后，还有 99% 的可能性会失败。这是卓越者的修行路，也是绝大多数人根本不会选择的一条路。

因为普通人只是活着。人类进化至今，活着是第一目标，何况光是活着就已经很不容易了。

而欲成就卓越之人，必须是感受到了使命的召唤，只有使命在肩，才扛得住几乎每时每刻的煎熬和压力。

对，每时每刻。

有使命不一定能登顶，但登顶的王者一定是大使命者。

使命者享受的是践行使命的这个过程，即便千难万险也不改其志，结果是什么，已变得不那么重要。

这个世上就是有这么一小部分人——对，就是正在读这段文字的你们——为了心中的不甘，也为了成就一番卓越事业，遍历艰辛却依然执着前行，可能看上去困窘狼狈，甚至还是非常落魄的失败者，但却在使命中获得了丰厚的力量。

你们内心有被世俗掩埋的火苗，长久沉寂着。你们不断经历雨雪风霜，直到某个契机出现，于是醍醐灌顶、豁然通透，感受到抑制不住的力量在喷薄，找回了自己的使命，心便有了归处。

使命一直在召唤。

独处能够带来什么？

如今的商业时代，很多人都是远离家乡独自在城市打拼，似乎每时每刻都处在压力中。他们独在异乡，没有可以倾诉的朋友，在家人面前也常常是报喜不报忧，人生的所有酸甜苦辣完完全全由自己背负。

这个时候陪伴左右的只有孤独，锥心蚀骨的孤独。在黑暗中瞪大双眼，有太多的时间和空间与自己对话。面对真实的自己是痛苦的，我们往往会看见自己人性深处的自私、贪婪、龌龊、无耻和阴暗，除了自己，无以为伴。

但这就是成长的过程。成长的奇迹就是终于认清自己是个普通人，是个小人物，慢慢接纳内心深处一切的阴暗面。所有人性的劣根我都有，而追求卓越便是约束阴暗，追寻光明。

我经常会行走在世间烟火中，找个咖啡厅独自看着窗外的人流，或者戴着降噪耳机一个人吃烧烤，甚至就只是在人群中茫无目的地行走。沉浸下来，独处能够想清楚人心。

看得开才能放得下，美食、美色、奢华、物质这样的俗世羁绊，如果无法在心底激起一丝波澜，那么也往往意味着人性在逐渐退却，有欲望却可以轻松驾驭，这份功力是长年面对真实的自己练就的。

孤独煎熬精神，却也温养心灵。孤独而生自由，其后无所拘束。成熟笃定的个人价值观会给生命完全的释放，在此之上才能谈自由。金钱是自由的辅助，财务自由有助于个人遨游于四海。至于读书写作，是抚慰心灵的爱好，让生活能更丰盈有趣一些。

如何才能真正出头？

打硬仗。

硬仗是一场压力巨大、淘汰率极高的筛选。

如今的商界，虽然不需要真正面对生死，但底层道理是一样的。

“阿里铁军”为什么能在商界树起“军威”？就是因为伴随着电商的发展和阿里的壮大，铁军打过无数前所未有的硬仗，所以在铁军内部存活下来的每一个人都是销售领域的精英，都是到其他公司可以独当一面的存在。

还有在硅谷具有巨大影响力的硅谷“黑帮”（Paypal Mafia），从一开始就设立宏大目标，Paypal 的团队成员个个都是百战精兵，后来他们在硅谷都各自做得风生水起，形成了有影响力的圈层。

卓越的敌人不是平庸，而是优秀。

如果只是练兵，完全可以达到优秀的程度，而想要成为卓越之人，则必然需要打硬仗的机会，寸熬寸进、以血与火锻造钢筋铁骨，对组织、对个人都是如此。

多少人连练兵的门槛都迈不过，更不要说打硬仗了。

事实上，很多年轻人如果遇到好的组织与领导，是完全可以在硬仗中撑下来的，只不过大多数人无法忍受练兵时的枯燥和辛苦，根本没有上战场的机会。

对于我们普通人来说，我一直认为运气是可以规划的，并由此养成了迎难而上的习惯：面临选择时，永远选难的，尽管在硬仗中会被打击得很惨，但只要熬过去，存活下来，就一定会变得更强。

机会往往伴随着艰难困苦，换言之，难关本身就意味着机会，硬仗打下来，就是抓住了机会，想不出头都难。

非卓越者，不会选择这条血火历练之路。

如何理解极端训练？

做不到严以待己，不停地挑战极限，又怎么可能练就极致的能力？天道是极其吝啬的，我们付出百分甚至更多，可能才获取一分极致能力。

很多人往往在遭遇密集的巨大打击之后，被迫堕入极端境地当中，而这常常意味着灾祸和苦难。

但打击，同时也有可能转化成机遇。

历史上的先贤伟人都是在极端困苦的环境中铸就不世功业的，他们最终获得的极致成就，也可以视作受到了苦难的催化。

想要取得大成就，就必须拥有极其强烈的动机，不惧艰险，迎难而上，磨炼意志。

我总结了三个有效的训练手段：一是多担责任，二是主动挑战自我，三是多结识各领域的“牛人”。

如何练就大将风度？

当一个人深入一个领域的时间足够长，会形成一种常识性的直觉，这种直觉是极为稀缺的隐藏技能。卓越者之所以卓越，就是因为与众不同——在面对嘲笑、不解的时候，依然相信自己的直觉。

创业者也须如此。你是怀着什么样的愿景开始创业的？如果只是眼热于资本运作，那是走不远的。

只有怀着不成功便成仁的决心，才更有可能攀上巅峰，因为事业与身心的结合会在关键时候使你有如神助。

不管如何大起大落，都要始终保持“我自岿然不动”的定力。所谓“每临大事有静气”，这一点很难做到，因为基于厌恶风险的天性，大部分人普遍不喜欢承受痛苦；而当遇到诱惑时，又很难保持初心，毕竟逐利是一种本能欲望，谁会跟钱过不去呢？

可在某些时候，有必要舍弃利益来达成更长远的目标。

走向卓越的道路不容易，千里之行的第一步，在于全身心融入其中，一旦融入，那么每一份历练将逐渐变得不那么痛苦，甚至会让你感到其乐无穷。

反之，每一步都将是折磨，以及对生命的耗损。

全身心投入的真相

卓越者最重要的表现有两个：一是沉迷于所从事的事业，二是有极强的获胜欲。

他们不仅仅享受做事的乐趣，也将所做的事视同生命。

比方说很多我们耳熟能详的大科学家，他们清晨醒来时，想到的第一件事就是手头进行的实验，或者是演算数学模型。他们有不少人在生活上陷入困境，因为实在太过沉迷于研究，而忽略了对物质的追求。各领域站在云端的卓越者，无一例外都是全身心投入到事业中。

再者就是极强的获胜欲。举个例子，马斯克向世人描述的顶级愿景是“为人类文明做备份”。他的公司特斯拉、SpaceX、SolarCity 等，都是实现愿景的极大支柱和路径。我们可以想象他提出自己愿景时世人的反应，大多数人会嗤之以鼻，把他当作疯子骗子。但他就是拿着有限的资源一步步地做，做一点获得一点支持，慢慢地相信他的人越来越多。为了自己的愿景，他可以付出一切。马斯克的前妻曾经评价他“想要极端的成功就需要付出极端的代价”，我们普通人眼中的价值和道德并不能成为评判他的标准，他可以低眉顺眼地求一个合适的人才，也可以毫无情感负担地把曾经求来的人才弃如敝履。一路走来，马斯克不仅成为商业领袖，更是精神领袖。

每个人都有梦想，实现梦想却需要倾尽所有。乔布斯受到很多人崇拜，可身边能受得了他完美主义性格的人有几个？

如果你正走在追求卓越的路上，那么一定要全身心地投入。

要么轻松地活，要么义无反顾向卓越进发，二选一。

游历

如何让自己真正变得见多识广？

什么是成长的限制?

刘慈欣的小说《三体》中，高维文明打击低维文明的手法有很多，但最后只用一个直通物理本质的“智子”，就封印了人类文明的发展。

同理，限制一个人发展的因素也有很多，但像“智子”那样直接封印可能性的就只有见识。

见过和没见过对应的是两个世界，认知边界之外是彻底的黑暗。

人生一般受出身、环境、文化等影响，有不同的发展路径。

我曾细思自己的过往，乡土、家风、科技、运气等因素共同作用和交织出我穿梭阶层、光怪陆离的前半生。

我们都是普通人，乘着国家发展大势，温饱无碍，前行有望。

未来十数年，国家处于伟大复兴的历史机遇关口，只要凭借宏阔的视野和极致的耐心，肩鸿任钜，未尝没有成为那前1%的可能。

在科技彻底改造现有生活之前，我们要积极拓展认知边界，为自己争取更多自主的机会。

精英教育的优势

精英教育区别于大众教育的地方在于，关注知识与真实世界的契合。

在精英眼里，学校只是教育的一部分，在很小的时候，他们就有意识地接触真实的世界。成长的路径也是知行合一的过程。

理论上，最有效的精英锻造方式需要两大条件：一是有开阔的眼界、丰富的资源；二是从小就从底层接触真实的世界。

高层次的眼界资源最重要，接触真实次之，从底层做起更次之。

出身高门的人，天生起点就极高，可调配的资源也多。对于普通人来讲，眼界很重要，因为眼界代表认知，卓越的认知可为向上攀升提供助力。

我们需要在眼界的引领下，把时间和精力投注在资源的积累上。不管是自我教育还是教育孩子，都要想办法置身于像名校一样的高质量资源环境中。

到底如何理解见识？

见，是身临其境的观察，是细致入微的体察。

识，是外在的客观事件透过自身的情况投射到大脑的影像，以及关于这个影像的思考。

对于同一个外物，每个人的体察都不尽相同，最重要的是，不能理所当然以为自己的领悟就是最正确的。

人的思考成果可视作是代表其认知的概述。

如果以欣赏的态度去了解别人的观点，那么不仅可以拓宽思路，还可能发现自己的不足，这是提升境界的有效途径。

一场高质量的闭门分享会，相当于多人智慧成果的浓缩呈现。所以接触“大牛”时，相比于具体观点，更要反推他们的思考过程，那才是最具价值的。

如果可以在实践中消化吸收这种思考过程，就相当于“大牛们”在帮你出谋划策，效果奇佳。

我个人迅速而平稳的成长，全要归功于曾经起伏的人生。

从底层攀登，见识过高山，是为高度；从高处跌落，见识过深渊，是为深度。只有深入底层才能明晰世间的不易，所以我既扬得起下巴，也放得低身段；既当得了老板，也睡得了地板。

如果你现在不满于现状，那么——

请把全部生命都用在长见识上。

人生是由大大小小的选择决定的，每一次选择都包含一笔无法准确估算的机会成本。

我们简单算一笔账，假设所做选择带来的收益与机会成本累积起来就是最终的人生走向。如果收益大于成本，那么人生就精彩，反之则悲惨。

做对选择是重要的能力，而可以有效帮助你进行抉择的，就是我们反复强调的“见识”。

如何提升自己的见识？

提升见识，亲测有效的方法：利用起 Gap Year（间隔年），花一年时间去旅行、做义工，或实习。

这一年主要用来体验生活、增加阅历，所以我把它叫作“见识年”。

先去了解世间百态，哪怕做的是一份毫无技术含量的工作，也会对真实的世界多一分了解。到这一年结束时，便是新的开始。

这一年帮你认清现实，更认清自己。之后再进入校园或职场，你不但不会觉得时间荒废，还会得到更有效率的成长。

真正要考虑的问题只有一个：一件事情做完后，这一刻的自己，有没有比上一刻更好？其他皆不足道。

“见识年”会比正常上班时更加忙碌，不论旅行还是进修，每天都要花 15 ~ 16 小时用在自己的成长上。以这种强度勠力打磨一年，你的成长速度会快到无法想象。

至于打磨哪一方面，因人而异。用前半年的时间打知识基础，后半年打磨专业能力，你一定脱胎换骨。

决策

如何成为具有领袖气质的决策者？

决策在平时也能用得到吗？

或许你会以为，只有那些可以改变人生方向的大事上的选择才称得上决策，其实不然。

决策是决定战略资源的投向。

我们每个人的战略资源只有时间和注意力两项。生命由时间组成，那么时间与注意力投入的累积，就构成了我们的人生。

为什么说“在大事上的选择才算决策”的观点是错的？因为事情不分大小，都是时间的投入。时间是连贯的，不管处理大事还是小事，使用的都是同一套认知系统。

想清楚这一点，再看需要决策的场景是什么。

是每时每刻，是生活的点点滴滴。

所以，“如何做决策”的答案是：通过日常的有意练习，构建一套做决策的系统。

如何进行决策训练？

把握一个核心：机会成本。

一切事项均可用“机会成本”取估算价值。

健身还是刷手机？读书还是刷手机？学习还是刷手机？你希望在多长时间内挣到多少钱？你把自己打扮得帅气（美丽）是希望得到什么，健康，寿命，还是他人的关注？

根据你的目标，可以算出一个大概估值，那就是你投入这件事的时间价值。

而根据目标估算出时间的价值，就是做选择的机会成本，每一分钟都是算得出来的。

无法做决策主要是因为没有锚定物，不知如何计算。如果你按照时间投向与机会成本来构建思维系统，那么大事小事无非就是大资源小资源的计算而已。

拖延、执行力差，本质是没想清楚、算清楚。

什么时候该押重注？

资源投入要看产出，就是创造出的价值。

这个世界是如何定义价值的呢？有一种价值可以看作是外界的接受程度，即多少人愿意买单。

从只有一腔热情，到慢慢习得技能、收获智慧，这是一个不断修炼、进化的过程。

厚积薄发，静候属于自己的人生机会，然后压上重注，博取最大的胜机。

每个人一生中其实都会有几次大的机会，至少要抓住一次。

即使成功概率很小，也要有勇气去争取，不能守持小富即安的思维，或者有点成就便不思进取。

你在做决策时，有没有计算概率和“风报比”？

永远牢记一条核心原则：损失可承受，收益很大，那就值得放手干。

找人合作也是一样，比如寻求领域专家帮助会造成一定的时间、精力、金钱的损失，但会在离你的目标更近的地方创造出更大的价值。

决策时该问自己什么？

人和人的开局是不一样的。有的人出身好，条件优越；有的人开局就是地狱模式，还没反应过来就走到死路。

我们普通人，大多数运气不好不坏——

一生至少会有一次，靠努力改变命运的机会。

人人都要参与博弈，就看你怎么在有限资源下能玩得更久。

人生就是大大小小选择的叠加，而选择意味着投入资源以期获得更大收益。

若想着不断向上，机会很重要，可以学习官渡之战时的曹操，坚守待机，等待对手犯错，然后抓住机会，彻底翻盘。

然而机会即便出现，也要不断面临决策考验，稍有差错，便满盘皆输。

这个时候，不妨问问自己：

“你知道自己有什么吗？你知道自己想要什么吗？以弱谋强，你敢于押注吗？”

觉得迷茫时，这三个问题会给你指引。

如何成为多谋善断的人？

多谋，离不开对事物的充分认知以及长时间的思考训练。

决断比多谋更重要，尤其要做到“善断”。这需要综合分析、择优而取，在复杂的社会和瞬息万变的形势中，识破被光鲜外衣掩盖的真实优劣。

决断意味着取舍。世间并无万全法，能取舍，就能破局。

如果你是多谋的人，就需要在决断上下功夫。从主动点菜这种日常小事开始，训练决断的第一反应。

我个人更建议训练“条件反射”——某个认知（或习惯），必须练到变成生理本能才能创造价值。大脑在第一时间就做出决断，即便错了也是第一手的实战数据。事后复盘改善，不出百日，决断力就能有明显的提升。

如果是执行力强但少谋的人，则需要让自己慢下来，多想一些可能性，比如还有没有更好的做法？这个做法可能有什么后果？假以时日，就会有尽皆掌握的从容。

谋和断，是两种不同的性格特质，如果能共济，会助你走到人群的前列。

什么是格局?

做事应始终以大视野和长远利益为衡量尺度精打细算。事实上，能够做到且持续做到“目光长远”就是格局。

如果硬要量化“看长远”的话，不妨总问自己：能不能再多想一步，对，先不用多长远，就比眼前多一步。

我们总用“鼠目寸光”来形容人目光短浅、只图蝇头小利。事实上，“穷思维”就是判断事情的利弊都只基于眼前这一刻，做不到多想一步。

认知直接封印了更多的可能。

与之相反，“富思维”会超脱眼前的利益评判。判断事情的好坏时，先不急于做表面上的分析判断，而是把事情放到一个更大的系统里。这个系统可以是发展的趋势，也可以是自己或团队的愿景目标，这事是不是有益于长远目标（比如跨阶）的实现，然后再决定这个事该不该做。

从人性上来看，人是更偏向于得到及时反馈的，因为容易失去耐心，这是基因决定的。所以一夜暴富是大多数人的幻想，他们就容易为了短期利益而放弃长久的积累。但厚积才能薄发，以狭窄视野求大爆发式的增长，怎么可能嘛。

而“富思维”只不过是能够理智地认清其中的不切实际，可以更有耐心、多看一步。如果养成延迟判断的习惯，就不会轻易地在最初判定一件事有用还是无用。

“穷思维”是认知封印、再无寸进，这是鼠目寸光；而“富思维”是不断迭代、永远进化，这就是目光长远。

如何做出合适的选择？

首先，盘点自己的资源禀赋。

只有明白自己的价值，才能既不妄自尊大，又不妄自菲薄。这就是我常说的“混圈子要交投名状”。专业长板是能最直观地让外界看到的价值，是能否更上一层楼的关键，专业越稀缺，价值越大。

其次，盘点自己的性格。

只有喜欢、合适，才能持久。即便你洞察了趋势，也必须从“适合自己”的角度切入。外向的人适合做销售之类跟人打交道的工作，内向的人适合干产品经理等用产品说话的工作。

最后，等待时机。

谋士、良将择主之时，都得有进身之阶：有的是献上战略规划，比如诸葛亮的《隆中对》；有的是自带队伍加入，比如张绣。

总之，相机而动。

读书

如何阅读才能获得最大助益?

为什么要一直读书？

长期来看，对个人限制最大的是“视野太窄”。

普通人的立足之本是专精。专精需要聚焦，每天迎来送往，与客户、合作伙伴讨论交流的事，也全都跟业务相关。人在缺乏外部刺激、缺乏领域外信息交流的情况下，就容易钻牛角尖。

要想跟上这个时代，就得不停跨界互动，而阅读无疑就是性价比最高、最有效的途径。

宽广的知识面至少会让你拥有多维度的系统思维，对自己的行业和领域有相对准确的认识：行业发展到了什么地步？是如何运行的？会不会有新的形势，或者出现能产生颠覆性影响的科技成果？

对于非学者的我们来说，哪怕碎片化的读书，某一段落或是只言片语的启发，都是非常有帮助的。

我每天的读书时间雷打不动，3 小时起步，多则 10 小时。从 2017 年起，我开始刻意培养阅读知识密度更高的论文的习惯。

热爱不需要“坚持”。当阅读融入你的生命，变成你的热爱，你便无需刻意坚持阅读。还有什么比阅读更高效便捷地获取信息的途径吗？没有！

读书该用什么方法？

什么方法是好方法，取决于你的手艺是什么。

以“广博”为专业的，信息储存就是大脑回路的运作方式。

以“专精”为专业的，信息沉淀、发酵是固有的思维框架。

怎么使用工具、能用到什么程度，其实与你的境界和积累直接相关。举一个具体的例子：

得到 App 创始人罗振宇以“广博”建立事业，经过多年的积累，广博度已经到了很高的层级，再用旧有的方法寻求突破就不容易了。反之，如果他可以静心专注一点，加点“匠心”，就可能寻找到突破的契机。我们看罗振宇对自己的商业逻辑的思考，都有一股专精到底的架势。

反过来也是一样，一个领域专精到了一定程度，再难有实质进步，不妨多涉猎一些跨领域的信息知识，可能就会有灵感触发。

不管是广博还是专精，都需要有一定知识输入量后，才有资格谈方法，所以一开始要简单地、心无旁骛地“轰炸式”阅读。

读书究竟读什么？

读书要读“局”。

我们对所处的“局”缺乏深刻的认识，只凭一股热血不会有理想的结果，所以要大量阅读，尤其是历史著作。

历史提供了一种世界观和方法论，历史人物的故事展现了人生和世界在时间维度里的场景的演绎。

通过明处的“局”，感受隐藏在文字下面的暗流涌动。

年岁渐长，我才懂得，历史场景就是要反着看，倒着看，变换身份处境地看。

而且，一个历史场景既是空间结构，也是时间结构，随着历史演变，系统、格局都在发生变化。我们经常会看到历史人物的选择与处境发生前后变化，那正是他们的厉害之处，因为他们读懂了“局”，懂得因势利导。

我假定自己是曹操，对于“应该怎么发展事业”做了一番研究，读相关的史学论文，来推演我该如何收服谋士良将、开疆拓土。

论文读得越深入，我越发现现实不同于臆想，决策策略必须切实可行。

以史实做推演就会明白，古代的阶层筑起了一道残酷的门槛，平民活在古代真的全靠运气，即使是豪门贵族也得面对诸多限制。

只有设身处地地“重返”那个时代，对事情的来龙去脉有深刻了解，才会理解某个历史人物举动背后的逻辑，也会不再按非黑即白的标准进行评判。

这是认识真实世界的有效路径。

如何巩固阅读效果？

采用“角色代入读书法”。

其本质是通过模拟环境来反向塑造大脑，刻意训练场景想象力、共情力以及洞察人心的能力。

场景想象力是有个体差异的，做得好的典型是演员。好演员必须全身心投入剧本设置的场景，某种程度上，人人都有学习表演的必要。

历史是我们的资源库，是我们锻炼大脑的最好舞台。读史书，代入不同角色，比如皇帝、宰相、地方官、嫔妃、婢女——若处于与这些人物相同的处境，我会如何行事？推演尽可能多的可能性，再对比自己的答案和人物的选择，看孰优孰劣。

在一次次的反馈中，认知思维会被淬炼得牢固稳定。

如何高效摄取高密度高质量信息？

找学术源头。

通过学术搜索渠道搜集相关领域论文，找出该领域最权威的科学家。

H 指数（H-index），是目前最能准确反映某位学者学术成就的指标。大意是指一个科学家至多有 H 篇论文分别被引用至少 H 次。比如某学者的 H 指数是 100，则他发表的论文中，有 100 篇每篇被引用了至少 100 次。

按 H 指数排名，每个领域排名前 40 的学者几乎就占据了该领域 80% 的江山。所以学习某一领域的知识，只需要花时间学习 H 指数最高的科学家的论文，就能使学习变得异常高效。

如果时间紧迫，了解前 20 名学者的论文也可以，就这么简单。

这是花 20% 时间掌握 50% ～ 80% 知识的最有效的方式。

读畅销书或者微信文章看似方便，但对构建系统的知识框架并无助益。

读物质量的排序是什么？

论文 > 知名学者著作 > 专业书 > 畅销书 > 其他书。

学习最前沿知识，得站在源头阅读大量的论文。这是无数智者代代相传的科学方法。

推荐书单和电视剧

以下是我个人比较推荐的书单和电视剧，仅供参考。

系统思维书单:《黄帝内经》《孙子兵法》《吴起兵法》《素书》《系统之美：决策者的系统思考》《君主论》《论李维》《乌合之众》。

传统文化类书单:《论语》《传习录》《庄子》《史记》。

宏观推演类书单:《俄国革命史》《微观动机与宏观行为》《中国军事通史》《资治通鉴》《超越战争论：战争与和平的数学原理》《论中国》《世界秩序》《法国革命史》《商贸与文明》《罗马史纲》《破茧》《以利为利：财政关系与地方政府行为》。

金融财商类书单:《以交易为生》《聪明的投资者》《滚雪球》《穷查理宝典》《富爸爸穷爸爸》《黑天鹅》《反脆弱》。

纵横术书单:《战国策》《鬼谷子》《明朝那些事儿》《世界大战中的宣传技巧》。

电视剧:《亿万》《大明王朝 1566》《纸牌屋》《是，大臣》。

排序不分先后。

访师

如何和“牛人”建立深度连接？

为什么一定要找导师？

假定你已经是一位有着强烈求知欲和成长欲的终身学习者，那么还需要解决的就是执行层面的方法论问题了。

其实非常简单：想尽一切办法站在知识的源头。

现实中有许多人，每时每刻给大脑投喂劣质知识和垃圾信息，比如天天刷短视频，这样怎么可能让大脑有智慧呢？

我们要想方设法把自己扎进知识源头之中，接受行业“祖师爷”们的耳提面命。这是最高效的学习方式，没有之一。

先做到这一点，然后才是读书、听课等其他形式的学习，因为自学摸索和有高层次人士随时指点的学习效果是截然不同的。

找不到导师怎么办?

行业“祖师爷”是学习的判断标准，够不到“祖师爷”，就以其为圆心，按照行业功力一层层外扩，直到找到自己够得到的人为止。

一定会有一个切入口，然后一点点靠近行业关键人物。

如何遇见贵人？

选择大于努力，做正确的事比正确地做事更重要。我们受限于眼界、阅历、才学以及运气，看不到更远的路，这时候最宝贵的莫过于能有贵人指路。

世上“牛人”太多了。在资源一定的条件下，想尽办法寻找领域内的顶尖精英，可以先找有共同兴趣的同龄人联盟、合作，这些共同成长的伙伴是人生最大的财富。

每多一个共同成长的伙伴，相当于加了一层杠杆，连接目标“牛人”的概率也大幅提升。

贵人的见识和经历能帮助后辈少走弯路，即变相拉长了生命长度。

真正的方向与趋势都是代表更多人的利益，都是由人中龙凤在引领。

因此，要选择正确的方向，提高遇上“牛人”的概率。

在正确的方向上奋斗，贵人一定会出现。

如何高效地与“牛人”建立连接？

在马斯洛需求层次金字塔中，“牛人”大师的需求汇集在上层，他们会更多地追求自我实现和社会价值。

所以，如果真的想和他们建立连接，可以试着在公众号持续留言，抓住评论、打赏等任何刷脸的机会。

仅仅这样还远远不够，怎么才能在汪洋般的粉丝中脱颖而出呢？

比方说对于你想连接的“牛人”，要从一开始就保持关注，对其事迹语录如数家珍，并且付诸实践，实实在在让你的人生更接近“牛人”的状态。

在这个时代，很容易有和“牛人”同场的机会，此时若有一个受其影响并因此“脱胎换骨”的粉丝站在“牛人”偶像面前，轻描淡写地现身说法，就是对“牛人”最有力量的赞誉。这种情况下，能有效地和“牛人”建立起强连接。

所以与“牛人”建立连接的公式就是：

刷存在感——改变自己——让“牛人”看见。

就这么简单，其中的深层原因就是满足了身处上层的“牛人”内心的社会认同感。

如何与“牛人”建立深度连接？

好多学习型的活动峰会都是请业界大佬来讲课，所以想要与大佬产生连接并不难，可是有无数大佬躺在朋友圈里又怎样？除了满足一下虚荣心之外，没有任何意义。

怎么才能与其产生深度连接？

由于资历不在同一个量级，平等合作的空间几乎没有，唯一可能与大佬建立深度连接的方式就是——师徒，而且是传统的学徒式。

我们看影视剧都有印象，想要拜师学艺是要通过层层考验的，不仅看诚意，还要看资质，师徒可以说是父母子女之外的另一种关系传承，关系之亲密并不比父母差，所以有“一日为师，终身为父”的说法。

我们需要做的是：结合未来的发展趋势，分析自身资源情况，找到一位适合自己的大师，然后以学徒的心态，吸取其知识与思维方式。

学无止境，传承渊源很重要，这不仅是学知识，更是师门的信用。师门为你加持，你把师门发扬光大，这才是与“牛人”建立深度连接的正确路径。

什么是真正的捷径？

年轻人容易吃亏的地方在于，现实社会中根本没人告诉你“到底是哪儿出了问题”。

很多年轻人之所以成长不快，不是因为他们资质差，反倒是因为他们太聪明，太自以为是，还没人指点，全靠自己一点点摸索，直到经受了足够的捶打才学到了一点真东西。

想走“捷径”的人很多，但真正的捷径，却没人告诉你。

师徒制之所以是真正的捷径，就是因为能双向交付信任，徒弟接受训练并笃信师父的教导，师父则要让徒弟掌握足够的见识，知道这社会到底是怎么回事。

在一个阶段认定一个导师，尽可能吸收他教授的知识。导师的经历，未来可能也会在自己身上重演，而导师的经验无疑是解决问题的良方。就像求助健身教练比自己盲目锻炼有效果，有前辈指点工作，就能更好地精益求精。

这样一来，当别人还在不断碰壁、摸索的时候，你早就走上捷径向上攀升了。

同时你得有足够的积累，才有资格怀疑，才能在此基础上建立批判性思维。

导师正是指明方向的贵人，我们所要做的就是相信导师，勇往直前。

父母和导师的建议冲突时听谁的？

听领域内最牛的人的意见。

父母对我们是最纯粹的爱，他们的言行也影响了我们的原生性格，他们正确的规劝我们要听从，比如诚实正直、说一不二，而他们一些保守的观点不能全盘照收，比如“好工作就是稳定安逸的”。

我们要关注领域内走在最前沿的那些人。做营销的，就看杜蕾斯为什么总能做出令人惊艳的创意文案；做实业的，就看华为、老干妈；做金融的，当然就要仔细研究巴菲特、芒格等大师的思维模式；做科研技术的，那么权威科学期刊、高校实验室研究成果、最新学术论文等都需要你下功夫去钻研。

根据自己的行业，永远关注、追随行业翘楚，思考为什么他们会成为领先的“王者”。那些坚守、冲杀在一线的大师给出的建议，有时看着平平无奇，实际上是真正的宝藏。

如何有效提问?

“世界更迭太快，那该如何赶超?”

“该怎么把握趋势?”

“这种大环境下，怎么赚到钱?”

这类提问，往往会把机会和贵人都赶跑。

为什么? 因为这是心血来潮、未经思虑的问题，只求结果而不是求方法，潜台词是“最好直接给我钱”，世上哪有这样的好事!

如果真正想要改变，问的问题会包含很多信息，包括自身情况、现有资源、意向领域等。

比如:“我现在从事贸易工作，在这个领域深耕多年，有跨境结算、国际贸易、供应链等资源，如今有可投资资金100万，可试错时间一年，想要往科技领域探索转型，您能不能指点一下?”

又比如:“我现在在公司做市场运营工作，有行业合作方的资源，没有可投资的资金，闲暇可用时间每天有4个小时，想要寻求一些副业，您觉得可以从哪些方面着手?”

这才是真心改变、真心求助的态度。

表达

如何一出口就能够打动别人？

如何训练表达能力？

提升表达能力需要多看采访和演讲视频，揣摩语言大师们是如何遣词造句的，然后不断练习。

名人名家的当众演讲是极好的学习素材，语言具有很强的感染力。卓越人士的演说，可以说是巅峰级的“人心操控术”。

再者就是书面语的表达，不断提高写作能力，开始养成记录的习惯，总结成功的经验或失败的教训，反复尝试用嘴说、用手写，才会有积累和叠加的效应，才能让自己持续迭代成长。

如何设定演讲目标?

大到演讲，小到每一次的表达，目标只有一个：说服别人。

讲话，就是说服的艺术，尤其是在商业实践中，这几乎是必备的技能。

能否让听众理解认同、能否号召利益相关方行动、擅长讲话还是不擅长，都会使结果产生天壤之别。

以投资中最重要的路演为例。陈述者需要在十五分钟内，向投资人讲清自己项目的商业模式，并获得认可，成功募集资金。

而你的路演对象，是最精于计算、最难缠的一群人，如何让他们从口袋里掏出千万数亿资金，放到你的口袋里呢?

商场上绝大多数的失败，很难再有重来的机会，尤其是你给投资人塑造良好第一印象的机会，只有一次。

让你的语言变得有说服力，是一项重要挑战，也是可以用在生活中方方面面的技能。小到吃饭购物，大到募资筹款，只要有第二个人在场，就需要灵活运用说服的艺术。

警惕表达的“五宗罪”

1. 没有重点。听众听完摸不着头脑，不知道你到底想强调的是什么，更不要说记住了。

2. 没有收获。你只是在自说自话，完全没有注意听众关心什么，又有哪些利益诉求。

3. 条理不清。你的演讲逻辑非常混乱，从张三跳到老虎，极大地增加了听众的理解难度，要知道大多数人没时间想办法理解你。

4. 篇幅太长。能用一个字讲清楚的，就不要用十个字。任何时候，听众对你的注意力都很有限，不愿意听太多太长的内容。

5. 细节太多。为了回答听众的问题，没必要把所有的事情都说出来。就像你问别人“这个菜是什么”，别人却把这道菜的制作流程都讲了一遍，其实只告诉听众他们想知道的就足够了。

抓住能引起共鸣的关键点

双方沟通须关注一个核心原则：对方能从中获得什么。

永远不要只站在自己的立场。某种程度上，人就是经历的总和，没有相当类似的经历，彼此难以感同身受。那么，面对萍水相逢的陌生人时，应该怎么办?

一定要把“我”的视角换成“你”的。不断寻找对方利益的切入点，确保谈话围绕着最关键的痛点进行。你可以提前准备或见机行事，围绕对方的利益需求，给出解决方案。

你讲的是对方关心的事情，对方自然会跟着你的思路走，这样一来，说服的成功率便会大大提升。

关系的核心是“彼此成就”，换言之，最理想的情况是要实现“对方听你讲完后，生活能变得更好”的效果。

务必注意，对方的利益可能有很多，但一定要抓住其中最主要的，围绕重点展开陈述。

借助媒体推销自己

一个人的价值有多大，既看创造的成果能否得到同行承认，又看能否获得社会的普遍肯定。

亨利·卡文迪许（Henry Cavendish）是英国杰出的物理学家和化学家，他对当时的物理学在理论和实践方面都有独到的见解。但是他离群索居，在将近50年的科学生涯中没有出版过一本专著，以致许多有价值的手稿被埋没了几乎半个世纪之久，这是一个科学巨人的悲哀。

这个例子给了我们一个启示，在竞争日趋激烈的知识经济时代，想使自己的劳动成果得到社会的承认，并因此创造价值，就必须勇敢地站出来推销自己。这也是为什么写作和演讲能力是必不可少的个人技能。

好消息是，在互联网时代，构建影响力的成本已经是前所未有的低。一手借助自媒体扩大自己的影响力，另一手通过市场数据的反馈反思不足，就不会再出现“酒香也怕巷子深”的困境。

如何练就好口才？

练就好口才有三个主要方法：

❖ 朗诵

高声读出来。为了加强练习的效果，还可以特意选择读起来不那么顺畅，但特别抑扬顿挫的古文名篇。我自己的训练素材是《古文观止》，它对舌头的锻炼不比绕口令差。

除了古文，也可以选用英文名篇朗诵。

❖ 主题针对性练习

观看名人演说录像，从讲稿及演说者神态、手势、举止等各个方面进行模仿。历史上有名的伟人演讲的方式方法，可以反复参照练习百遍以上。还可以观看《奇葩说》等语言类节目，这更接近我们的生活，容易上手学习。

我使用的方法是，根据相同的题目、场景，自己准备讲稿，然后试讲，再对比与场上演说者的差距有针对性地改进，亲测效果极好。

还有一个针对性练习方法是即兴演说，分为一分钟和三分钟版本。我常在街上选取看到的场景，然后在一分钟或三分钟内即兴表述出来。刚开始仅追求表达清楚，慢慢再要求有层次、有情节、有吸引力。

❖ 实战

练习是为了最终能跟人打交道。

我从参加社群和线下活动开始，实现从参与者到组织者的身份转变，进步极快。

另外，与项目和各领域的高人深入沟通时，切记要态度严肃。闲聊和商务谈判，对表达技能的训练效果天差地别。商务谈判中，各方都以最佳战斗状态进入，这是精进表达技能的“磨刀石”。

跃升

运气

如何让自己有超级好的运气？

怎样看待运气？

运气是成功最关键的因素。

赚了钱之后，如何守住财富？如果你觉得自己能力超群，变得骄傲自满，一定会被现实打回原形。

相反，有那么一小部分成功者依然保持不断学习的心态，积极寻求改变，在每一阵大风来时都乘风而起。那些我们耳熟能详的，现在仍处于商界顶层的大佬们就是这样，他们不敢有一丝懈怠，每天都有危机感，竭尽所能地去适应新环境。

很多人觉得成功是靠自己的能力，失败则怪运气不好。其实从概率上来说，运气对任何人都一样。

正确的心态是：不为失败找理由，只为成功找方向。

客观评估自己的能力，持续迭代，才能增加赶上下一个风口的概率。我们想要不断壮大自己，就要花时间思考如何把自己放到更宽广的方向和趋势中去。

如何让运气一直向好？

顺势与概率。

如果你是一个追求进步、寻求卓越的人，那么自然就会不断突破自身，跳出舒适圈，挑战自己的极限，并由内而外地透露出一种坚韧而蓬勃的生机。于是你走的是一条向上的路。

在这条路上，一定有与你价值相近、比你更聪明的人，他们孤独却超前。他们与你性格底色相近，但比你走得更远、比你更牛。“牛人”回头一看，有位后进正在经历他曾经历的磨砺，于是会提点你一番。

就这么简单。只要你方向正确，只要你表现出“这人值得帮”的品质，就会有“牛人”看到你像看到曾经的自己，因而你获得帮助的概率就会大增。

自助者，天助之。

经过几次这样的运气加持，运气就转化成气运，势不可当。

运气的真相是什么？

两个字：概率。

概率不等于不可捉摸。面对不可捉摸的东西，我们或许会束手无策。而面对概率，我们可以构建系统，想办法提高捕捉运气的概率。

“历史学就是未来学”，个人也是一样，盘点自己的过往是规划未来最好的方式。

仔细翻看过往数年的记录，我很庆幸自己有复盘的好习惯。我的所作所为甚至所思所想，点点滴滴都清晰详实地记录在案：我的成长路径，以及大脑思维的轨迹、转变也都点滴在册，清晰可见。就像科学研究的结果需要证据一样，这一笔笔的记录就是最鲜活、最详实的证据。复盘就是数据分析，不足之处加以改善，正确的地方加以强化。

这就是“先为己之不可胜”。自身系统是承载大运的根基，而不断成长的本质是：通过构建系统来增强撞大运以及减少犯错的概率，赢得多点，输得少点，加上时间的复利，如此而已。

运气这东西在人生走向中起到了决定性的作用。对这点理解越深刻，就越会意识到自己的渺小，进而变得更加谦卑，更孜孜不倦地做好“先为己之不可胜”的部分。

某个关键节点的特殊际遇会引发我们的感慨。可能是一个梦寐以求的机会，也可能是一个贵人三言两语的点拨，甚至可能仅仅是某种福至心灵然后做出的看似微不足道却影响深远、改变命运的选择。通过记录，我们可以以一种颗粒度更细的方式了解自己，谦卑地保持不断迭代的姿态向所有人学习，撞上运气的概率也会因此大幅提升。

只要每次都好一点点，最终也会形成沛然莫御的力量，走出好运加持的人生道路。

这就是“选择大于努力”的底层逻辑。

如何捕捉运气？

只有到了顶级水平，也就是大家的资源、能力、策略、才华都旗鼓相当时，运气才开始展示出随机性和不确定性。

我们绝大多数人都没到拼运气的地步，“听天命”的前提是“尽人事”，不要用运气不好来掩盖自己的懒惰。

我们想要做出成绩，就应该制定一个有价值但简单的约束准则，并一丝不苟地执行。只有通过严格的纪律，一点点积累经验和技能，而不是打着“听天由命”的幌子“摆烂”，才有可能得到好运气。

捕捉运气的方法是：在正确的方向上，选定一个基本策略，严格执行到底。

提升运气要下的苦功夫

规划，本质上就像彩排。

通过规划设置方向，多下功夫，提高时间利用率，不断成长。尽可能地多向一线“老兵”请教，吸收宝贵经验，有意识地进行兵棋推演训练，不断试错、不断交流，多做压力测试。

之前提到的代入式阅读法，也是彩排的一种。

于是运气不就是：当你准备好时，机会恰好来了。

我们之所以会发出“如果可以重来”的慨叹，就是因为回首过去，有太多做得不尽如人意的地方。

把所有的不足复盘记录，然后反复打磨改善。

从小事做起，以前懒惰，现在学着勤快；以前晚睡，现在学着早睡；以前不懂经济，那马上就开始补课。再根据过往的种种失误分析深层的思维逻辑，找出出现纰漏的原因，然后切实琢磨改进。

在这个过程中，反省日志或其他方式的记录会起到重大作用。

做好记录和复盘，就能大幅提升好运的概率。当运气开始累积的时候，就有了成大事的基础。

为什么要有好习惯？

养成合理饮食、每日锻炼的习惯，便会身体健康、精力充沛。养成记录的习惯，不管是记录时间还是记录言行，克己自省，谨言慎行。

把自己雕琢成理想的样子，本质上就是大大小小的习惯培养。

习惯，意味着要穿越更长的周期，经年累月的持续能转化为优势，优势能累积信誉。

如果——

在别人挣扎于口舌之欲时，健身是你最大的爱好；

当别人思考如何获取信息时，阅读是你最大的享受；

当别人为笨嘴笨舌苦恼时，你已于台上挥洒自如。

这就是优势。

那些需要刻苦努力才能掌握的技能，已被你内化成了习惯，这些都是你的优势。

个人是这样，家庭、团队也是一样的逻辑。

明晰习惯的本质，正视它，善用它。

如何顺应趋势？

我们所该努力的方向是一点点提升成事的概率。

比如，谁都知道要顺势而为，却从来不说“势”到底在哪里，普通人又该如何顺势。

逻辑其实非常简单清晰。

从资本的角度看，投资科技领域是顺势。摸索到领域方向后，要找核心位置，因为更核心的位置意味着资源集中，汇聚无数的机会。

那么怎么才能挤到更核心的位置？和处在核心位置的贵人产生连接。我们需要自己的勤恳努力，也需要“高维圈层的人”提携。毕竟，用脚走路和搭飞机怎么可能是同一个速度？

一句话：和核心的人产生深度连接，最好是以事合作或师徒传承。

将时间和精力高效地投注在提升成功的概率上，于提升概率无益的事不做。

复杂境况中，就这么一条主线，果断取舍。

你会惊喜地发现，成事的概率越来越大了。

有了好运还需要努力吗？

运气 > 时势 > 出身 > 个人技能。

既然如此，努力还有什么意义？全靠运气不就好了？

运气相对随机，趋势则有迹可循，出身在代代传承中才有机会改善，努力则是唯一仅凭自己就能做到极致的因素。

中华文明的传统习惯是，靠自己的双手来生存。一部中华史就是与天地博弈的斗争史。我们的民族底蕴就是“天行健，君子以自强不息”。

努力给人以安全感，更重要的是，它带来希望。

人生就是不断破阶晋升的过程。在起步阶段，只靠努力就可以脱颖而出。越往上走，所需的资源越多，经过层层关卡，到最后，参赛者的资源水平相当，只要运气上一点点的偏移，就导致天差地别的结果。

我们普通人改变命运的道路充满了考验，意识到运气的重要，并对其保有足够的敬畏，才会永远虚心处下，保有一颗不断成长的心，一边在事上磨砺心性，一边丰富阅历。

“地势坤，君子以厚德载物”，正是需要修养德行，方能承载更多机运。

克己修身，努力奋斗，你会发现运气越来越好，抓到机会的可能性越来越大。

这就是对于个人而言，努力和运气相辅相成的关系。

社交

如何让你不断拓展有效人脉？

人际关系的本质是什么？

交换。

不管物质还是精神，健康可持续的关系，就是建立在“彼此成就”之上。

父母、子女、夫妻、朋友、同事、伴侣，所有跟人相关的都遵循这个原则。当你与对方接触的一刹，就要开始想：“接下来的言谈举止是不是有利于彼此成就？”

开放、坦诚，就会有一见如故的感觉，彼此的关系自然会顺着越来越牢固的方向发展。

既然关系的根本是彼此成就，那么就从了解人类的核心需求开始。马斯洛需求层次金字塔模型是非常好的参考，认真研究对方的需求，绝大多数人都是可以产生连接的。

什么才是好的关系？

既然人际关系的本质是交换，判断一段关系是否牢固有效，就看双方有了彼此是不是会更好。

这句话拆开来有这么几个关键点：

1. 牢固意味着可持续、不可破。

2. 有效意味着可共进退。

3. 彼此变得更好。这是至关重要的，一定要使双方都在变好，不管是物质上还是精神上。

为什么要心怀谦卑？

“牛人”如果“好为人师”，必然大受欢迎，因为他能实实在在地帮到别人。而多数人明明水平不行，还总是喜欢教育别人，那就比较讨厌了。

于是，心怀谦卑就是最重要的社交技能。

我个人是这方面的受益者，因为从小智商不高，顺带养成了凡事向人请教的习惯。

不仅请教，也要适时夸赞别人的优点。靠着这一点，我打开局面，然后才有展示自己人品和能力的机会。

当然得真诚地发现别人的优点才行，如果没有真诚作为根基，太过浮夸的夸赞，反而会让人感觉虚伪做作，适得其反。

从人性的角度看，大多数人都喜欢被夸赞，被人真诚地求教。

比较心态是人之常情，心怀谦卑就是迎合大众的这个心理。

如何从需求端入手？

人有三种需求：情感、生理、生存。

1. 人都有极强烈的精神诉求与情感需要，所以凡是相关的知识都有可能大派用场。比如心理学、哲学、说话艺术，还有书法、绘画、音乐、茶道等，这些知识不只对自身大有裨益，更是社交利器。

2. 生理需求就是食、色两方面。

喜好美食的人，时不时地谈论美食心得，要是能下厨做得一手好菜，那简直自带光环。情欲是很精深的学问，不只有欢愉，更是夫妻和谐的坚实基础，相关专业知识是很能帮助人的。

3. 生存需求有很多，最关键的是健康和金钱。

人们普遍缺乏正确的健康和理财知识，而这两项是人生当中最基础、最重要的技能。在健商、财商都欠缺的社会，可想而知健康和理财知识有多么炙手可热。所以我不得不再次强调：精彩人生，从学习健康和理财知识那一刻开始。

只要是人，就肯定有需求，再五花八门的需求，都脱不了根源的这几项。

如何理解沟通成本？

初出茅庐的年轻人常常疑惑：我愿意免费打工，只为学习而来，为什么还得不到机会？

关键在于沟通成本。

当双方的能力和需求存在较大差距时，尽管你已经觉得做出最大让步，但对别人依然是负担。换句话说，年轻人苦求的成长空间，正是对方需要付出的成本。

所求越大，成本越高。所以往极端了说，你其实不妨花钱补足别人和你相处所耗费的时间成本，俗称“倒贴”。

当然大多数时候不必走到如此极端。人与人的实际交往中，还有情感、缘分等因素。有不少人是以助人为乐趣的，比如我自己，因为我们在成长过程中受过师长朋友无私的帮助，自然愿意做好传承，继续帮助年轻人。

总之，在你还不能为他人提供价值之前，至少做到尽量降低沟通成本，尤其切记不要浪费对方的时间和注意力。

如何与合适的人共事?

人人都渴望变得更好，最高效的途径就是与价值理念相同、技能互补的朋友共事。

我个人通常会先评估某个项目的可行性，列出成功的必需条件，然后仔细分析手里的人脉圈，寻找满足条件的朋友，真诚相邀，一起共事，利润平分。

通过共事，大家对彼此都会有深入的了解，每个人也都会有明显的进步，关系就变得更牢固。这为进一步合作奠定了基础。

当然你会问，要是做不成，会影响原来的关系吗?

做不成有两种可能：一是资金或技能不足，大家需要继续积累和打磨。二是某一方胸襟、见识、魄力不足，这种情况双方最初就不该合作。

当你已发展到了相比资金投入，更看重机会、人脉的地步，那么最可行且高效的方法就是：通过一起共事获取战利品，赚取利润。

如果还没有足够的资本进行深层次的合作共赢，那么不妨利用诚意、知识，最大限度地彰显自己的价值。

影响

如何构建个人品牌?

认真做事还有用吗？

我一以贯之的准则是：必须认真地做一件事。

当一个人认真的时候，就会昼夜思虑，表现出来的状态就是心心念念。

念念不忘才必有回响。这时，一些有共同愿景的同道就会被吸引过来。慢慢地，你还会得到师长前辈的资源帮助，乃至提携。

做任何事都是这样，从起心动念，到身体力行，一点点前进，咬牙坚持着熬到最后，如果选择的方向正确，那么在山重水复后一定会有柳暗花明。

所以，你的态度至关重要，也必须让所有人看到你在做事态度中体现出的价值。

如何变得有口皆碑？

一个商品做到极致，就能成为热门等价交换物。

做人的最高境界也是把自己雕琢成“硬通货”，不管是朋友还是陌生人，大家都对你交口称赞。

《水浒传》里的宋江，之所以能稳坐梁山第一把交椅，不是靠智谋、武功、家世背景，而是因为他急公好义，江湖人称“及时雨”，所以人人信服，这就是“硬通货”的典型。

历代明君，都是个中代表。

想要树立自己的个人品牌，就要把注意力和欲望限制在可控的范围内。保持专注，在某些方面形成良好声誉。

我从小愚钝，最初把郭靖奉为自己的榜样，后来又得知曾国藩是历史上真实存在的楷模，一直切实仿效至今。

我们这一类资质愚钝的人需要学习的规则特别简单，简单到极致：

1. 姿态放低。

2. 极其真诚。

3. 向所有人学习。

不管是个人还是组织、企业，只要有信用沉淀，就是在树立品牌。

打造品牌是需要点滴积累的系统性工程，我们说的每一句话，做的每一件事，举手投足、言行举止都和树立个人品牌有关，也是别人认识、评价我们的基础，不可不慎。

如果一个人的品牌够硬，当然就能获得外界最大限度的认可。

我对自己的定义就是“靠谱”，所以我不轻诺，并坚持不间断地写作。

我的规则很简单、很清晰，如果我这样的资质都可以成功，那么绝大多数人也一定可以。

如何进行自我营销？

与人协作本质上就是自我营销，树立个人品牌——通过不间断的努力，使自己被信任和接受。

很多人以为推销自己不难，事实上，怎么用自己的作品和口才进行推销，让别人乐于接受自己，是需要系统学习和大量训练的。

总是有那么一些人，看上去既不比你更优秀，也不比你更努力，却过得比你好。这种差距背后，根源是你总推销不出去自己，陷入徒劳无功、愤世嫉俗的尴尬境地。

推销需要很多技能，过硬的写作与演说技能，是万万不可缺少的。这两项技能都需要大脑的系统性输出，一个通过手，一个通过嘴。在日常生活的各个环节，都有需要用写作和口才自我推销的场景。你必须练习做自己的推销员，才能获得外部支持。

为什么信用很重要？

从概率上讲，只要时间足够长，灾难就一定会发生。

在我们生命的大周期之下，核心是抗风险、技能培养和教育传承，也就是以风控和终身学习为主。那么我们再继续深挖，风控和终身学习在更底层意义上指什么？

信用。

信用可以说是未来唯一的社会资本，个人品牌的重要性也会越来越得到彰显。

人一切的选择，通通都是为了让自己值得托付。

我们每一刻的选择，都是我们态度的直接体现。一言一行别人都看在眼里，所有的细节综合映射出我们的信用，反映出我们是不是值得托付的人。

“可以托六尺之孤，可以寄百里之命，临大节而不可夺也”，这是我的努力方向。

正所谓“千金一诺”“人无信不立”，所以要敦品力行，质重少言，不断累积信用，让自己成为值得托付的人。

在社会中难以避免大规模的陌生人之间的协作，信用以及衍生出来的信用系统，成为整个社会的底层架构。在注重效率的大背景下，人们需要在最短的时间内，对合作方做出判断，那么一个信用良好的对象显然更容易被选择。

世界日新月异，不确定性加重。过往取得的成绩并不代表未来也一定就会成功，过往表现出色，未来也不一定就能延续辉煌。

但反过来看，过往积累的信用，虽然并不能保证成功，但能降低风险。

稳定而高质量的成绩，能带来获得更多机会的可能。

如何分辨信用的好坏？

现在的银行系统评估用户 / 客户信用，主要是从财务方面进行考量，比如学历、行业、收入、家庭资产等。金融机构给出的这些可衡量价值标准被社会认可，具有普适性，在商界中也可以作为信用评估参考 / 标准。

但每个人在社会关系中展示的是立体且丰富的形象，财务方面的信用只是其中一个维度。

所以，什么是树立信用的不二法门？就是从人生的各个维度进行系统的展示。

否则，你口口声声说自己诚实守信、做事靠谱，实际落到行动上，到底做了几分呢？

观察任何人，包括自己，需要牢记的一条核心原则是：永远不要看他说了什么，而是要看他做了什么。

如何构建信用？

电影《一代宗师》里有句台词："功夫两个字，一横，一竖。对的，站着；错的，倒下。"

永远拿结果说话。

如果自己每天嘴上说着做瑜伽，展示出来的形象却是萎靡不振的样子，谁会相信？

只有永远都表现得朝气蓬勃、精神抖擞、红光满面，日积月累，大家才会在健康方面对你产生信心。而这样的状态通过常年的饮食节制和锻炼修行才能做到。

每天读书、反省、写作，夜以继日，这背后是大量的输入、沉淀和输出，以及时间和精力的管理。

我虽然能力有限，但一定会有始有终，不仅忠实记录自己大脑思考的痕迹，还已持续写作2700多天，未曾间断，并且会一直这么持续下去。

每天坚持做时间记录和反省日志，知道自己的时间投注到了什么地方，确保每天都在反省中进步，自己心里清楚，别人也看得到。

别人对你的认知，可能就建立在一个微小的举止、一句无心的话上，由此形成关于你的立体综合的形象。

在拓展社会关系的过程中，朋友之间的结交也往往是两个家庭，甚至是几代人的结交。

我和我家“领导”（我将爱人称为“领导”，“婚姻”一章中有提到）结为共同体，一起认识朋友，我们展示给外界无比可靠的信任，而且经常组织有孩子参与的家庭聚会，很明显就是希望父母间的友谊能拓展到下一代，信任就是这么构建的。

系统地展示，系统地构建，信用便牢不可破。

如何才能变得靠谱？

我们所有的努力、锻炼都是为了使自己变得更靠谱，并让尽可能多的人认可你的靠谱。

有人认为应该多结识人脉，也确实有不少人，频繁穿梭于沙龙、发布会、大咖演说等场合，“遍交海内知名人士”是提升见识、扩展认知边界的有效途径。

也有人认为，频繁社交会压缩自我沉淀的时间，而且如果本身没能力的话，所谓人脉，也只不过是手机相册里满足虚荣的合影，并不能产生深度连接，还不如专注自我。

这两种观点其实都有偏颇之处。

专注自我和多结识人脉是相辅相成的过程，并不矛盾对立。

首先要盘点自己的资源、优势和不足，牢记“让彼此受益”的结交原则。

多多走出去拓展机会，一方面打磨专业技能，让长板更长；另一方面为别人提供价值，还可以针对自身不足寻求改进之法。所以一边提升专业水平，一边寻求高手交流碰撞才是正确的成长之道。

明白这个道理是一回事，真正做到却是另一回事。必须不断进行训练。

根据自身专业领域展开的针对性社交，和漫无目的的社交是两个概念。从事金融的就要多参加金融峰会或论坛，IT 行业就要多寻找业内大咖聚集的机会。毕竟社交的本质也是给自己构建成长的环境。

财富

如何有效提高你的财富量级？

谈钱伤感情吗？

受传统观念的影响，我们往往羞于谈钱，有一种谈钱不道德的错觉。

但生活中九成问题都和金钱有关。客观来说，金钱不是万能的，不过它可以让你在面对大多选择时，做到更加顺从心意。

所以掌握金钱的规律，学习管理金钱的艺术，对人生有着莫大的助力，何来羞耻一说？

金钱代表着信用、公平以及人性，还是精彩人生坚实的基础。人人都喜欢钱，所有人也都缺钱，区别不过在于缺的程度不一样。

金钱是信用产物，代表着稳定的政府背书，而这一个“稳定”可是由军事国防、政治地位、经济、文化等所有因素共同构建的。放眼全球，君不见，战火纷乱、满目疮痍者到处都是。

金钱也是公平的，它会亲厚每一个善待它的个人或群体；最后当然也是最关键的，金钱是人性最直接的反应，金钱总是有魔力让一个人暴露最真实的本性。

但在我们的文化语境中，金钱常常受到不公正的待遇，要么不屑谈及，要么貌拒实迎，动不动就扯什么“谈钱伤感情”，钱都能伤到的感情，要它作甚！自己的价值得到他人的认同，尤其是代表人性的金钱的投票，是最结实的赞誉。

金钱是嗜血的鲨鱼，哪有利就往哪跑，凡是金钱追捧的或多或少总会显露出一些有利的端倪。所以说所有人都应该受一些财商教育，哪怕不从事投资领域，也至少可以根据金钱的走向做出相对靠谱的人生选择。

赚钱和挣钱一样吗？

不一样。

赚钱和挣钱完全是两种思维：

1. 分析运筹、配置资源属于赚钱思维。拥有这种思维的人多数是将军、参谋、交易员、套利者、职业扑克选手。

2. 身先士卒、逢山开路属于挣钱（做事）思维。需要花费时间和精力做出某种作品来获得外界认可，绝大部分职业者都是这种。

无论走哪条路，你都得耐着性子打磨技能，一点点提升专业领域的把控度。

这两种思维属性其实并不兼容，而卓越者要能打通两种思维，根据具体的情势做出最合适的应对。

赚钱思维的核心是钱生钱，更进一步也即资源生资源。所以在具备这种思维的人眼里，“钱”是生产要素，这是他们和大多数挣钱思维的人的根本差别所在。“钱”在大部分人眼里是“一般等价物”，是消费要素，可以用来换取喜欢的东西来满足自己的欲望。而拥有赚钱思维的人则会把每一分钱当作可再生的宝贵资源，他们即使家财万贯，生活也依旧简朴，因为他们认为那些所谓提高生活质量的钱，是可以用来赚取更多钱的，比如巴菲特就是这样的人。

如果有改变世界的大志，就应当创业做事，一步一个脚印往前走，而且获取财富的同时，还需要学习如何经营财富。前文提到的健康、社交、运气等，都是成功经营财富的重要影响因素。

赚钱的本质是什么？

赚钱的奥秘就是四个字：闷声发财。

占据稀缺资源的好事，当然是知道的人越少越好。等到竞争激烈、市场饱和，可获得的利润就会大大减少。

钱是往资源集中处流的，所以最好是有强大的壁垒，控制参与的人数，技术要做专利布局，商业要做势能布局，金融要有数据模型。

所以，赚钱有两种方式：

1. 建壁垒；

2. 依靠壁垒。

我们应该把时间和注意力投注在建立或者参与建立壁垒上。这里所说的壁垒，可以是外部稀缺资源，也可以是前沿科技。提高自己的核心竞争力，直到形成自己的不可替代性。

不是追着钱跑，而是让钱追着你跑，这才是真正的财富壁垒。

如何理解投资？

投资就是投注资源，我把资源分为两种：

1. 战略资源，比如时间和注意力，不可再生，用一分就少一分。

2. 战术资源，比如才学、人脉、金钱等，可以再生，即便亏钱了，只要人还在，就还有机会再赚。

所以我一直强调养成盘点资源习惯的重要性，对资源情况了如指掌，就能更有效地将资源投注到合适的地方，赚钱只是其中一项正向反馈而已。

再看我此前写的章节，生命、读书、访师、运气、社交等，所有的这些主题统统都是讲投资，统统都是在讲财富。

投资的本质就是：善于投注资源并创造更大资源的过程。

建立起了这个认知，投注战略资源时便会无比慎重，不会轻易做出选择，而一旦做出选择，就不会放弃。

具体投注战术资源时，则要以价值为导向。比如我的日课——冥想、瑜伽、写作、时间记录和反省日志，就都是有巨大复利价值的事情。

如何把握投资主线?

不管什么样的投资流派，归根结底有一条主线，万变不离其宗。总结出来就是三点:

1. 周期。

抛开周期谈收益都是耍流氓!

光谈高收益，要么是纯粹的骗子，要么就是埋伏着很多暗线，看着高收益，其实都是不讲周期的伪投资。

多长时间获取多大收益，这是投资的第一因素。往大了说，产业也是如此，撇开周期谈落地的都是不靠谱的忽悠，不要理。

2. 现金流。

只有出售交易完成，金钱入账的那一刻，出售金额才是价值。抛去买入和周期内的支出，剩余的才算作收益。

比如你的房产被评估抵押，能贷出来现金的才代表价值，贷不出来的还不算。没能拿在手里的现金，都有价值下跌的可能，不能算完成交易。

3. 接盘。

商业的本质是低买高卖。

任何投资在做决定之前，都要对未来高位接盘的群体有清晰的预期和认知。

选择投资的赛道，应该是未来能预见会有大量接盘的涌入，不停地接盘涌入就意味着不停地升值。

什么时候接盘数量减少，或者接盘群体实力减弱，你就要什么时候高位离场，就这么简单。

只要守住接盘这一条，其实就能将亏损概率降到最低。

投资是真金白银的猎场，涉及诸多技能和素养，以上三条是最核心的根基，也是所有投资逻辑的源头。

最简单的投资原则

投资的极简原则就三个字：谁接盘。

“接盘”是个中性词，只不过后来被赋予了损失惨重后的无奈感，其实它未必不能形成巨大的市场和社会价值。

比如腾讯当年弱小，李泽楷曾持有20%的股份，后来发展起来，现任腾讯第一大股东的南非报业集团 Naspers 全资子公司 Prosus 接下李泽楷的盘，成为全球最成功的投资之一。

所以从商业的角度来讲，想好接盘群体就是投资的原点。

接盘群体的画像越清晰就越有保障，越有无限的发展空间和想象力，就越值得投资。

Naspers 集团从李泽楷手里接盘的股份，最高市值曾达到1700亿美金，比它自己的市值都高。它做这样的投资就是考虑到了腾讯的生态和中国庞大的市场。

号称“独角兽捕手”的朱啸虎（金沙江创业投资基金主管合伙人），他的逻辑就是有市场想象力、有炒作包装的点，还有整个资源圈层一轮轮的跟投。我认为与其说他是“独角兽捕手”，倒不如说他是“独角兽饲养员”更贴切。

稍微讲一点专业术语，投资轮次会分种子、天使、VC、PE 等，规模不同，轮次不同，但基本是极度内生的圈层。

也就是说，好项目基本早就被内部瓜分完了，甚至就是资本策划推起来的。种子和天使轮次的关键，就在于找到下一轮的接盘资本，后期的大体量资本也在等着好项目，这是一条分工明确的资本流水线。

再次强调，投资的核心逻辑浓缩到一条就是：谁接盘。

如何进行更长远的投资？

再说投钱。

在做出投钱决定前，什么是最重要的考虑因素？以投基金为例，一般基金的收益周期是 7 年。

基金名气？行业地位？过往业绩？还是预期收益？

我投钱首要考虑的是：通往一个领域的路径。

钱首先被我当作投名状用，以科技基金为例，顶级基金可能会赚到更多的钱，但作为投资方，可参与的事非常有限，我投钱全是以拓展认知以及人脉为目标。

我做投资之前，会进行清晰的计算，比如投 300 万 7 年，那么每年的成本就是不足 45 万，投入所获取的资源能不能创造 45 万的价值，这个数字是投后的 KPI。

简单说，投资以后，如果认识一个科技领域的新朋友，能够合作创造 45 万的价值，那这笔投资就是无比合适的。

钱是战术资源之一，这就是我的计算方式。

投资，关键在于你有没有算清楚。

如何进行人生配置?

战略资源由于无法重来，所以是我们最宝贵的财富，比如时间和精力。

怎么配置这笔“财富”才是真正重要、决定人生质量的大事。

1. 你肯定认同健康是最最重要的，接下来占比很重的有家庭、朋友、事业、教育、兴趣、娱乐等，然后，就要根据选择来细分自己的时间和精力了。

健康最重要，所以不管什么时候、什么情况，都应该在健康上好好花时间。也就是说，这是人生的资产之锚，健康的维护要细分到每天，除了花时间锻炼外，还要注意饮食。

我是每天雷打不动的 90 分钟 3 件套：八段锦 + 瑜伽 + 冥想。饮食方面会随着季节变化（前提是对饮食知识做到基本了解）而做出调整。

如果想要拥有不错的身材和精力充沛的状态，可以从未来一步步倒推制订计划，比方说三年内的目标是实现肌肉线条硬朗，那么两年内就要达到标准身材，一年内就要养成适度锻炼、健康作息的习惯，从现在开始，就要学习健康知识，早睡早起，每天改变一点点。

2. 家庭是人生稳定的根基，家庭和睦就不会影响生活的幸福。对伴侣来说，最重要的就是陪伴和沟通，每天都应该保持交流，才能走得更长远。我每天和我家“领导”沟通半小时。

3. 事业方面要先变得专业，确保足够投入，并力争在业内做出成绩，形成长板。然后，在这个讲究跨界的时代，挑选一个可替代性低的领域开始学习，比方说表达、审美等，下班后固定投入一到两个小时，作为后备技能训练。

确保一条主线加一个技能的训练，两条长板已经可以形成优势了。十年后，它们可以奠定财富腾飞的基础，那时再根据事业发展情况进行衍生性的学习。

人类历史表明，存活下来的不一定就是实力最强的，而是生命力、适应能力最强，最经得起折腾的，这样的人最有可能笑到最后。

资产需要配置，时间和精力更需要。把复利效应发挥到极致，走出圆满的人生。

如何正确理解财商？

财商是种价值观，这不只跟金钱有关，而在于想方设法地让自己更有价值。

投资也不意味着只能投钱，时间和注意力不是更值钱吗？

当我们摊开人生账本，要把时间投在未来有无限可能的事上。

我奉为圭臬的人生因素排序是：运气 > 时势 > 出身 > 个人技能。

即将开启新人生之旅的青年，在运气面前人人平等的前提下，要把宝贵的时间尽量投在两个方面：

1. 大幅提升人生效率的时势。

2. 大幅促进成长的上进圈子。

具体是指我们要紧跟时势，分析“自己的出身”，思考如何累积资源。

关于怎么分析时势发展，其实不需要大数据或是建模型，一个非常简单有效的方法，是把目光放在全世界最牛的那一小撮人身上，每天关注他们在干什么，然后照着学习。

“出身”是指一个家庭拥有的资源，主要是金钱、教育和人脉。相比于后两者，金钱其实没那么重要。硬性的差距在于人脉所连接的资源，关键是相同层次的人组成圈子，从而形成的同侪压力，让里面的人成长效率大幅提升。

所以，我们还要加入可以促进“被动成长”的上进圈子，才能进一步缩小差距。

如何清晰量化人生?

这个会计公式在不同阶段都可以通用:

总资产 = 净资产 + 负债。

不必精通财务知识,但务必把它内化为你思维的一部分。

你可以尽情发挥并灵活运用创意和想象力,比方说你是 18 岁,假定净资产只有时间,可以先记下 10 年,总资产 = 时间 10 年。

你每过一年都自我检查,有没有习得更多的技能作为资产,如果有,总资产就是等值甚至增值的。

例如:总资产 = 时间 9 年 + 营销知识,如果没有,那可不就贬值了吗,总资产 = 时间 9 年。这么一看,是不是很直观?

所以时不时用这个公式来反问一下自己:花出去的时间有没有换来等值或超值的收获?这对认清自我很有帮助。

婚姻

如何让你的婚姻更幸福美满?

如何理解婚姻关系？

婚姻美满是精彩人生的根基。

另一半的选择，是出生后介于可控和不可控之间的、影响人生的最重要因素。出身没得选，而好的伴侣不亚于一场投胎重生。

爱是荷尔蒙，是一时的感觉。

婚姻却是关系的经营，是融入细节点滴、繁杂琐务的生活，如果经营不得法，再大的激情、再浓的爱意也会被琐碎磨平。

正如我前文所述，好的关系必然是建立在“彼此成就”的基础上的。你会爱因为自己变得更好的对方，以及因为对方变得更好的自己，这是一种正向循环的关系。

经营良好的婚姻，对双方自身的素质有很高的要求：

男方的耐心、处下、甜言蜜语。

女方的包容、柔情、细致体贴。

但双方共同的眼界、见识、学识、决断，往往起到更重要的作用。

婚姻的本质是什么？

“执子之手，与子偕老”往往是夫妻两个人对婚姻终极的念想。

也仅仅是念想，真要做到是需要用一辈子的时间来证明、用毕生的精力来经营的。

就我个人的体会而言，浪漫只是点缀，激情也只是生活的调味剂，柴米油盐酱醋茶才是日复一日的真实场景。结婚后，首先面临的是生存的压力。

爱情在生存面前能保质多久？

传说中的“有情饮水饱”可能存在，只是我没见过。

生存让大多数人在奔波中忘了爱情这回事，能走到最后的夫妻都是亲人、战友，一起攻克人生这场大战的战友。

因此婚姻的本质是：寻找生死袍泽。

一起面对生活的压力，不仅共渡物质层面的磨难，更需要相互理解、彼此成就。

成为共同体才是婚姻的真谛。

如果你们是背靠背的战友，那么单兵作战能力，必须得是在同一水平上，认知、素养、视野、价值观都要同频，还要有可以互补的技能。

唯有这样，才能在战场上把自己的后背毫无保留地交给战友，建立起完全的信任。

如果做不到，那么生活这个敌人总会找到空隙，一击即破，让你们双双遍体鳞伤。

所以，我还是很支持结婚要门当户对的。

真的存在完美伴侣吗？

合适的伴侣会给你带来第二次人生。

之所以说“合适”的伴侣，是因为：完美伴侣不是找到的，而是在特定的场景最合适的那个人，然后你们一起经营生活，最终变成彼此眼中完美的另一半。

想清楚了这个道理，你就会把眼光放到未来，然后与另一半一起绘制共同的愿景，并在这个过程中让彼此都变得更好。

于是你会发现，好的婚姻同时也是事业，按照“彼此成就”的共同体心法一以贯之，你们到最后甚至会难以分清，爱的究竟是变得更好的自己，还是变得更好的伴侣，抑或是变得更好的共同体。

处理与朋友、事业合伙人的关系，本质上也是这个道理，核心就是一条：有了彼此，会让自己变得更好。

明白这一点后，你就会发现认为女性婚后应该在家“相夫教子”的观点，是多么愚不可及，有的男性不希望另一半变得优秀，又是多么心胸狭窄。

彼此成就才是最为和谐的婚姻。婚姻是人生的事业，也是承载财富的根基，需要用心经营。

丈夫该如何对待妻子？

我们老家有句古话："娶一个媳妇寝一座坟。"意思是家族能否兴旺全看娶什么样的妻子。母亲在家族及其传承中扮演的角色无可比拟。父亲厉害，厉害一代；母亲厉害，厉害三代。

女性的地位本质上是如此重要，并且一定会随着社会的和平发展不断走高。所以，女性地位可以当作是文明繁盛的标准，发展得越好的社会，女性的权益一定被保障得越好。

对待女性的态度是我交友的准则之一。那些大男子主义尤其是性别歧视严重的人，不会成为我的朋友。

每一个幸福美满的家庭，丈夫一定都很尊重妻子。我建议将对待女性的态度这一条作为女性择偶的核心标准，而不是世人更看重的颜值、财富等因素。

夫妻之间是一个共同体，一起面对外界、承担责任，各自顶住来自原生家庭生活方式和理念的压力，划定共同体的边界，在自己的空间内有绝对的自主权。

作为丈夫，我会为妻子提供必要的情绪价值。生活中的任何事情都要在第一时间沟通交流，有情绪从不过夜，这样就不会有大的分歧，慢慢地就连包容似乎都已成了自然而然的习惯。

还有一个常见的问题是，有些女性初为人母，会将全副身心投注在孩子身上，有了在家相夫教子的想法。我妻子当初也是这样，对此我态度坚决、极力反对，希望她不管怎样，能拥有自己的事业。

所有人不理解，相夫教子才是贤妻良母啊，有什么问题？婚姻最大的问题解释起来其实也简单，就是两个人突然就不一致了。最常见的原因就是男方在外打拼，接触外面的世界;妻子在家操劳，绕着孩子和灶台转，两个人渐渐就没了共同语言，没法了解彼此的想法，就会心生抱怨，最终彼此伤害。只有夫妻双方都接触社会，在每日的沟通中，一起探索，一起进步，最最关键是一起迭代，才能一直保持良好的关系。

所以我主张妻子绝不能因为有了丈夫和儿子就过早地放弃自己。女人一定要有自己的事业，赚多少钱不重要，关键是要有寄托。有寄托就不会和社会脱节，也不会和另一半脱节，双方就能永远步调一致地走下去。

如何保持彼此信赖?

我的方法是：每晚给妻子按摩，同时进行深入沟通。

每天固定的交流可以说是我们夫妻相处和谐的第一秘诀。

按照传统医学的说法，腰腹部范围乃六正经加任督二脉、冲脉、带脉交会之地。每晚 30 到 60 分钟的按揉可以预防多种疾病。

最主要的是，这也是属于我们沟通共进、加深感情的珍贵时间。

打个比方，我与妻子就好像两台电脑，每天都会共享数据，及时更新，保持同步，所以我们变得越来越默契。

夫妻关系尽在交流中，肢体交流以及思想交流。

很多重要的家庭决定，我们都是在这段时间内做出的。每一个选择的背后，都是我与妻子对彼此深深的信赖，所以做出的绝大多数决定都是正确且目光长远的。

为什么要甜言蜜语？

除了按摩，我们的日常生活中还有很多甜言蜜语，这是我的第二秘诀。

我称呼妻子为“领导”。我在很多场合都说，自己这辈子就做两件事：一是给领导赚钱，二是夸领导。

夸赞会带来喜乐，动听的语言有助于形成其乐融融的家庭氛围。

时间一长，夫妻之间当然会越来越和谐默契。

为什么要成为共同体?

对于夫妻，我想再重点强调一下共同体的原则:

夫妻作为共同体来承担社会责任，是整个家庭的第一原则。

日常的按摩、交流沟通、甜言蜜语等技巧都是服务于这一原则的。

中国传统观念中，两人的结合不仅仅是个体的结合，更是双方家庭的结合，这就往往会造成不必要的困扰。

夫妻在30岁到50岁这二十年间，是整个家庭的掌舵者，他们的眼界、观念、做法直接决定家庭的未来走向，必须小心谨慎。

因此夫妻之间要形成共同体，否则无法面对生活当中无处不在的压力，包括生存压力、人情事理，以及最难处理的双方父母的爱。

爱意味着插手，插手过多就形成实在的压力。

拿我们的父母举例，他们自己可能一辈子都没有意识到沟通的重要性，并不擅长沟通，甚至根本不懂如何表达爱，虽然一心一意为了子女好，但难免会方法使用不当，拿捏不准尺度。

怎么让他们既能表达爱，又能给子女留出自由的空间呢?

这个过程很艰难。我与妻子当然也和他们有过大大小小的对抗，无论如何，一定得守住底线。父母当时可能觉得不理解，很受伤，但这是非常有必要的。尤其是在夫妻关系和孩子的教育上，千万不能让父母过多插手，否则很容易带来无穷无尽的麻烦。

教育

如何培养更加杰出的下一代?

人生从何处开始？

让我们回到最初的原点，人的一生是从出生开始吗？并不是。

中国人说的虚岁，就是从胚胎形成算起。胎教更是可追溯至周代。周文王的母亲太任“目不视恶色，耳不听淫声，口不出敖言，能以胎教”。

孩子的一生从父母结合开始，因此良好的夫妻关系非常重要。然后是备孕，夫妻在生育前要有三个月，最好是一年的备孕期，早睡早起，戒烟酒，饮食清淡、营养均衡，各项指标都保持优良。最后，只有跑得最快的精子，能够成为赢家。精卵结合，形成胚胎。

生命的孕育充满了危机，是否有足够的营养、温暖安定的生长环境，九个多月里不能出现闪失。健康壮实的宝宝顺利出生，是各方共同努力的结果。

我的理解是：夫妻关系和谐，诗词雅乐的环境，可最大程度确保母亲情绪平和，这样的条件下出生的婴儿健康的概率更高。

越有见识的家庭，就越能意识到备孕及胎教的重要性。

什么是最好的教育?

父母与孩子一起成长，是最好的教育。

有个段子：世上最无耻的事莫过于自己是个飞不起来的笨鸟，却想着孵个蛋让下一代去飞。

父母要让自己成为终身学习者，不断进步，才能给孩子树立向上的榜样。自己什么都不做，又凭什么逼迫孩子！

我们夫妇常常对孩子说："我们一起做，爸爸妈妈先做起来，也欢迎你监督执行。"我能够不间断地学习精进、锻炼身体，得感谢孩子的"督促"。"百姓日用即道"，行走坐卧都是教育。

所以，没有不好的教育，只有不合格的父母。

我们在成为合格父母的路上跋涉学习，只要我们做得好，孩子就会跟上脚步，健康成长，养成好习惯，累积为竞争优势。

父母走得有多远，孩子就有多大可能。

为什么要以身作则？

“身教胜于言教”，希望孩子成为什么样的人，父母首先就得做得到。

我与妻子达成的共识就是，只有自己做到了，才能要求孩子。

事实上，榜样的力量是无穷的，父母的言谈举止带来的耳濡目染，会对孩子人生观和价值观的塑造起到重要作用。

想要孩子树立正确的世界观，第一步就是父母要能以身作则。

父母恩爱是孩子心理健康的保障，这一点非常关键。想让孩子相信“爱”是一种很伟大、很无敌的力量，靠的不是天花乱坠的描述，而是日常生活的真实感受。

父母的理念会影响孩子的基本认知，父母知书达礼，活出自己希望的样子，孩子也会有样学样。不需要苦口婆心地讲大道理，父母在前面身体力行地做给孩子看就是。

所以，你喜好读书，孩子也会从小觉得读书有趣；你喜好锻炼，孩子也会爱上运动；你待人接物温和有礼，孩子自然也认为与人相处就应该那样；你希望孩子成龙变虎，自己就不能活得像条虫。

为什么要找到源头？

如果只能保留一条家训，我会选哪一条？

反复权衡取舍后，我选的是“找到源头”。

源头不正，差之毫厘，谬以千里。

为什么立志要立第一等志向？为什么选择比努力重要？为什么跟上正确的发展趋势非常关键？怎么才能最高效地使用时间和注意力等战略资源？

所有问题，归根结底都在于：源头。

对我们普通人来说，越早找到源头，意味着积累的努力越多，获得的回报就越丰厚。

大脑对接收的信息要有选择。庄子说，凤凰“非梧桐不止，非练实不食，非醴泉不饮”，这就是高洁。

人的审美和品位是由知识和素养奠定的，立志、选择、顺势等途径，无非是为过滤掉垃圾信息，筛选出高价值信息。

高阶思维模型、科学学习方法，就是我们普通人找到源头的手段。

为什么要营造良好的环境？

每个人都是环境塑造的产物。

有了这个认知，就会懂得我们自身的成长与教育，与所处的环境息息相关。

因而我们能够通过营造良好的环境来教育自己、教育孩子。

先说学习能力弱的孩子，他们的父母很可能自身学识不高，或者性格有缺陷，所以这些孩子每天接收的信息和听到的词汇，是很单调、乏味，甚至粗暴的。

比较典型的有“吃饭、睡觉、听话、一边玩去”等，甚至还有“小兔崽子”之类的粗话。

可想而知，他们的好奇心被打击，情绪无法宣泄，习惯了对父母逆来顺受，严重的还会演变成精神疾病。

而那些每天听见丰富词汇信息，接收到正向能量的孩子，他们的生活世界绚烂多彩，好奇心、探索欲以及心理状态都健康向上，发展得很好。

两种孩子，获得的是截然不同的人生。

父母营造的环境构成了孩子的性格底色。正如前文所说，我和妻子在教育上信奉“身教胜于言教”，我们做给他看，还会反复跟孩子强调：“爸爸妈妈如果做得到，才会要求你，如果我们自己做不到，就不会要求你，你也有权反驳并拒绝执行。”

我们要营造良好的环境，让孩子置身其中，快乐地成长。

如何呵护孩子的好奇心？

好奇心有助于孩子的成长，教育必须关注对孩子好奇心的保护。因此，我们在跟孩子交流的时候，要尽可能多角度、多场景地引导和呵护孩子的好奇心与探索欲。

如果孩子的问题得不到回应，甚至受到呵斥，孩子的好奇心被扼制、被漠视的后果，就是孩子渐渐就会选择沉默，长此以往，会导致可怕的后果。

反思一下自己成长的经历，你会发现，从孩子变成成年人的过程，往往就是从丰富变得单一的过程。

父母如果是终身学习者，自然会主动拓宽自己的认知，也会小心保护孩子的好奇心和求知欲，而不是粗暴地单一化孩子的世界。

孩子经历的环境越多样，他们的感知方式就会越精确，对人、对事、对世界的态度也会更加细腻。

让孩子体验更多的成长环境，接收到更多的信息，让这个世界丰富多彩的面貌深深留在孩子的大脑里，这是我们父母可以送给孩子的最重要的礼物。

为什么见识很重要？

培养一个精英，需要几代人的积累和有指引性的培养。精英的生活方式，光靠想是想不出来的。

人和人之间真正的差距在于认知。这也是我着重强调见识的原因。

教育孩子要注重提升见识，塑造独立、理性的思维方式，培养自信、自强的人格。

如果父母都是高识远见、自信自由的人，即便是家境清寒，也照样可以培养出人中龙凤。

我们要选择成为更好的父母。

为什么要将孩子培养成决策者？

我和妻子没有刻意训练过儿子的具体技能，而是在提升见识、培养决断能力这两个方面费尽苦心。

相当一部分人对决断能力究竟重要到何种程度，仍然缺乏足够的认知。

生活中，总有我们需要自己拿主意的时候。没有决断能力的人，只能被人安排、随波逐流。拍板定案的则是决策者和领导者，他们的一个决定关乎大局，容不得半点差错，那种压力与责任，不是一般人承受得起的。

回到教育的话题。从儿子会说话开始，我和妻子遇到什么事情，就会很认真地询问他的意见，为的就是培养他的主动精神和担当能力。

至于奥数、钢琴、舞蹈之类的技能，恕我直言，毫不重要。

要让孩子养成审时度势、善决果断的性格，这些才是决策者的核心素质。

我在孩子六岁时立的家规

对一个六岁的孩子，我定的规矩只有简单三条：

1. 你好我好大家好。

2. 关键时刻不掉链子。

3. 得体，尽可能让他人开心。

语言很奇妙，简单直白却深入人心。

比如孩子能够尽快完成作业的话，那就皆大欢喜。

为此，我还专门教给了孩子“产权”的概念，如果有本事 10 分钟保质保量地写完作业，那么他将拥有洗漱睡觉之前的所有时间产权，自己想干什么就干什么。

要是孩子经常拖拉，或者完成作业不顺利的时候，我也会严格按规则行事，绝没有通融的空间，哪怕孩子哭得声嘶力竭，也还是要温柔但坚定地执行规则。

长此以往，家规便会深入孩子的心。

我的孩子从小就养成了这样的认知习惯，他在六岁时已经能自己判断什么时候是严肃、正经的场合，然后以最适合自己的方式切入。

比如“每临大事有静气”是极好的品质，但事实上任何品质都是一种认知模式。如果从小就形成这样一种保持冷静的认知模式，哪里还需要再去刻意练习“静气”呢？

需要强调的是，“尽可能让他人开心”是“你好我好大家好”的进阶，后者更偏重博弈下的合作，而前者，则是由极强的共情力淬炼出来的使人“如沐春风”的能力。

所谓“度量如海涵春育”，那真是极高的境界。

让人开心的可不仅仅是恭维，夸得多了反而会显得太过浮夸。想使人感到真正的快乐，要能做到对他人情绪的精确感知，以及言行举止的精准拿捏。当然，这需要大量的对人情的感知训练，并将其变成一种自然而然的本能。

以上，就是我的家规及其实践的解析。

如何理解教化的意义？

直到现在，我依然很清晰地记得，在产房第一次抱起儿子的感觉，当时如坠梦中，但那种关于生命延续的刹那感悟，一波波在大脑中翻涌。

从那之后，我开始思考，并每天都在问自己的一个问题是：“怎样才能做一个好父亲？”

在不断的反躬自省中，我最终发现好的教育并不需要太多条条框框，以及各种大道理。

如今我更愿意把教育称为“教化”，身教胜于言教，不需要说太多言语，只需要持身清正，给孩子树立榜样，营造良好的成长环境，润物无声地适时引导，就能有非常好的效果。

我觉得，“教育”一词最终就该落在春风化雨的“化”字上。

我们形容一个人有魅力或者有影响力，会说他令人“如沐春风”。所以自身修炼的目标就是：拥有如海涵春育般的度量。

自己有这样的认知，并切实做到，就会自然营造出孩子学习的氛围、树立起孩子学习的榜样。为了教育好孩子，必须对自己更加严格，进而形成积极的示范效应，形成正向循环，彼此成就。

所以立身做人要有原则，并把切实有效的原则写进家训。

而“家族传承、教化为要”必须作为重中之重传下去。家族兴起需要每一代人持续不停地努力。只要克己修身，踏踏实实做好自己，就会形成榜样的力量，产生深远的影响。

建设千辛万苦，可破坏轻而易举。秦国累积数百年终于达到巅峰，却在二世骤然崩塌。

圈层越到高处，教化的意义就越凸显。我们要相信耐心和积累的力量，严以待己、善用时间，财富累积如是，技能习得如是，家族崛起亦如是。

公益

为什么说财富的进阶是慈善？

卓越者必然的选择是什么？

追求卓越的人以自我实现为终极快乐，一生都走在响应使命召唤、探求自我极限的道路上。肩鸿任钜是本能，财富仅仅是卓越者层层跃阶时获得的副产品，于是承担社会责任、以公共利益为己任，就是卓越者自我实现的必然选择。

卓越者是人群中最闪耀的“异类”，他们知道财富取之于社会、反馈于社会，他们想的是如何制定合理有效的规则，如何使社会长治久安，如何使国家福祚绵延。

中华民族有传承千年的家规、家训，这是基于农耕文明和熟人社会建立的准则，偏向道德教育，注重立身做人，遵循“修齐治平”的进阶顺序。

欧美商业文明发展至今，家族办公室、信托、保险、教育等全套系统已经颇为完善：投资高科技可以引领人类发展，做慈善公益会让世界变得更好……

事实上，对财富的理解不够，会反过来阻挡你获取更多财富。

富豪为什么无一例外在做公益？

家族办公室在做财富管理时，不仅要考虑投资回报，更需要考虑长远的发展和环境。

比如买一套房子，可不是只要转化率高、回报高就行了，更要看社区如何、邻居是谁、能不能获得更优质的社交圈层。

再比如做公益，不仅是因为公益慈善有合理免税的功能，也是因为做公益有助于家族品牌的建立。财富取之于社会回馈于社会，让孩子从小参与公益事业，也能对孩子起到正向引导作用。

所以大家族对于公益那真是毫不吝啬，因为他们在积极追求比钱更重要的东西，比如教育和传承。

至于公益类的基金或者 NGO 机构，当然也是资源整合的有效途径。

直接给人钱是慈善吗？

做慈善的方式有很多，唯独不该直接给人钱。

一方面，直接捐钱的行为有可能会变成带有炫耀成分的社会性事件，媒体蜂拥而上，舆论甚至会借此进行道德绑架。

另一方面，所谓“升米恩斗米仇”，古人早就看透了人性的弱点，受到帮助的人最初会感激涕零，过些日子就逐渐心安理得，再过些日子，他会觉得你给的钱少，到最后，如果你不再给钱的话，他甚至会把你当作仇人。明星与其供养的大学生反目成仇就是典型例子。

最初有多感激你，最终就会多恨你，这便是人性。

所以，你可以捐款给希望小学，帮助穷苦孩子打开通往广阔世界的大门；

可以捐献给医学，救助更多人的生命；

可以捐献给科学，促进人类的技术发展；

可以捐献给艺术，让文明更加灿烂。

捐献时，不要想着有什么回报，也不能强求别人低头感谢。

公益如何落地？

我第一次捐款给学校已经是十三年前的事了，那会儿纯粹是出于回馈乡里的善心，赚了钱当然要拿一部分捐赠，还有一点光宗耀祖的心理。

在参与过一次慈善基金募集演唱会后，我才真正认识到慈善公益是怎么个运作模式。而之后这几年的公益运作，愈发印证了这一点：想做成事，一定要符合经济规律。

公益就是让公众的善意能落在实处的事业，但公益光靠情怀和善意不仅不能持久，还很有可能滑向歧路。

大多数国家都有做公益免税的法案，如果一个公益项目既可以满足免税条件，又能产生很好的社会效应，那就相当于通过公益做了一场社会广告，这样的话，也能调动企业主动参与的积极性。

在此基础上，还要选择符合国家公共政策支持的公益方向，比如扶贫，这样便能整合政府、政策，以及专项扶贫资金的参与，惠及更多的人。

在向社会公开公益支出以及募资情况的同时，还可以举办慈善晚宴，邀请各界名流参加，众人发力，事业才会更大、更好、更持久。

真正有价值的事，值得许多人汇聚在一起共同努力，但想要把事情办好，一定要有能激发善意、调动善意、引导善意的规则制度，而不是仅仅靠情怀号召或道德绑架。

改革开放四十年，前十年改革，后三十年开放，广大民众被激起了追求美好人生的希望，这才有了国家如今的繁荣图景。

接下来，中华民族要坚定不移地实现伟大复兴。这时我们也应该开始思考如何高质量地发展。需要有更多卓越者意识到公益的重要性、参与到公益中来，我自己当然也不甘人后，积极投身于公益慈善，将其作为自我实现的路径，以及往后余生的志业。

卓越者的人生意义

“思考意义”本身就是件有意义的事，而且越早思考越好，这样生命才能过得笃定。

人生这如白驹过隙的短短几十年，怎么过才是最有意义的？

意义其实是自己选出来的，相比真实世界的浩瀚，人宛若微尘般渺小，但我们也能决定自己的人生可以过成什么样。

人类文明的发展是个从不懂到懂、从不确定到确定、从敬畏到去魅的过程。在好奇心的驱使下不断探索、研究、开拓、沉淀、迭代，卓越者享受这个过程本身，生命不停，探索不止。

好比“盲人摸象”这个典故，所有人都只能了解到这个世界的一部分，但卓越者清醒地知道自己的“盲”，仍然在坚持不懈地探索，试图了解“大象”的全貌。

真实的世界就在那里，卓越者以不断拓展认知为快乐源泉，不管结果如何，卓越者都在享受探索的人生。

这就是卓越者选择的人生意义。

后记

作为一个天资愚钝、高考不到300分、毫不起眼的小镇青年，我目前人生的各个维度都比较圆满，家风宽厚，夫妻和谐，儿子茁壮，财富自由，有很多可以托付的朋友，正走在充分自我实现的路上。

这是我大致的经历，供你品评：

1997年，13岁“出道”，卖音像制品，开始做生意，开餐厅、做外贸、贩煤、搞房地产，中间起伏无数。

2005年到2016年，去花旗实习，成为职业交易员，正式进入家族办公室领域，12年间过手超20亿美金的全球资产。

2017年到2019年，参投3只科技类基金，转型做投资人，并作为自然人投资10余家科技型企业。

2021年转型至大文化领域，做书店，写书，做短视频，发起公益基金会，攻读慈善管理博士学位，如今全身心投入到文化教育的公益事业中。

走到现在，全是自己从心所欲的选择，越来越多的朋友希望我能系统分享背后的方法论，如何一步步走来，实现“三年就是一辈子”的跃位速度，于是就有了这本书。

这本书里的所有内容都来自我解决问题的第一手经验。

我相信，这本书能帮助到很多人。

致谢

富润屋，德润身。真正的财富永远是家庭和睦、朋友信重和内心充盈。

我是活在爱中的人，经常在各阶层圈子中穿梭，经历极为丰富。一路走来，总有来自家乡、家庭、师长、朋友的爱和支持，让我能比常人更从容地应对所有波折、困顿、捶打甚至濒死境遇，因为他们，我的生命中充满了美好的希冀和沉甸甸的信任。

首先感恩的是我的原生家庭，从小我便在做人清正、家风宽厚的氛围中成长，祖辈耳提面命，父母言传身教，既有三徙教，更闻过庭语。我的好奇心和探索欲被保护得很好，这是我在世间行走的内生驱动力。感恩我的太太和儿子，他们是我之所以成为我的根本，他们成就了我，让我成为更好的丈夫、更好的父亲。

还要特别感谢我的结拜兄弟剽悍一只猫，他对我的人生方向发展有决定性的影响，我们的愿景、使命都一样，就连身型、长相都相似。此书的出版，是他一己之力推动本书的成型，亲自担任策划并对接出版后续一切事务，没有他就没有这本书。正如我们在五台山结金兰契一样，一切都是最好的安排。

2023 年于我是大丰收的一年，我虚岁正好四十，找到了自己的使命，达到了真正的不惑境界，确定往后余生要做慈善公益事业，与更多的企业家朋友成为新时代肩负社会责任和使命担当的角色。所以今年我以联合发起人的身份成立了公益基金会，同时考入浙江工商大学慈善学院，攻读慈善管理博士学位，让我的实践和知识理论充分结合，互为印证。

感谢郁建兴教授，他开创了中国第一所慈善学院并成为了我的导师，让我书山有路，有机会执弟子礼；感谢邱华老师的推荐及信重，并让我成为公益基金会的合伙人；感谢靳宝强让我有机会为青年人的成长做出贡献，担任梦工坊青年人才发展中心的副理事长让我的人生赋予了新的意义，无比富足。

感谢中国政法大学教授李筠老师为本书写寄语，并让我在过去两年有机会跟着进行学术训练，踏上学术之路；感谢中国外汇投资研究院院长谭雅玲老师为本书写寄语；感谢好友徐艺宸女士，她关注本书的出版，以一身战略和人力资源管理专业的素养给了我关于篇章结构和遣词造句具体可行的修改意见。

感谢我的亲友团（排名不分先后）：亚洲骑士无国界医疗团团长刘韦锋爵士、上海外国语大学世界研究院教授施展、中国政法大学副教授 / 博导孟庆延、公众号“政事堂”主理人顾子明、公众号“一个梅特涅主义者”主理人王陶陶、乾照光电董事长金章育、资深公益人 / 律师李明、德意志交易所集团中国区首席代表朱镜宇、苏尚儿创始人总经理诸葛冬和、零幺宇宙执行总裁上官芸、空军研究院原高级工程师 / 军事期刊原主编 / 梦工坊监事长李宝玉、花镇创始人 / 情感大师冷爱、埃睿迪联合创始人总裁王燕、水滴集团联合创始人郭南洋、抱抱堂传媒创始人林水洋、好友马占凯、资深投资人刘泉、海银资本创始合伙人李东平、鼎萃资本创始合伙人李晓燕、胖哥俩肉蟹煲创始人张灵瀚、金财互联 CEO 吴亭仪。他们给了我诚挚真实的评价，在我人生的道路上一直给予信任，并劝勉我砥砺奋进。

感谢果麦文化董事长路金波老师百忙之中关注本书的出版，仍记得在他办公室内交流本书的出版时还给了我千金不换的从业心得，令我受益匪浅；感谢本书的编辑吴泽莹、林昕韵和王光裕。

感谢一路指导、提点我的师长，一路相伴成长的好朋友，没有你们，不会有今天的我，你们是我生命中的明灯。

在此还要特别介绍我的弟子马赫男，他是梦工坊的学生，当年我亲自带队的小组长之一，之后一直践行我提出的理念和方法论，并正式拜师成为我的弟子。本书是他从我过去七年写下的近三千篇文章，共三百万文字里整理提炼而成，集结出版的过程，也是他淬炼耐心、锻炼自我的过程。感谢罗勇、冀晓悦、张馨月、熊佳、谢方艳、徐子文的试读反馈。

最后感谢所有阅读本书的读者，能够提供一点点启发并获得你们的认可，就是本书的价值所在和我往后继续前进的动力源。

（全书完）

财富觉醒

作者 _ 胡钦元

产品经理 _ 林昕韵　装帧设计 _ 肖雯　产品总监 _ 王光裕
技术编辑 _ 顾逸飞　责任印制 _ 杨景依　出品人 _ 贺彦军

鸣谢

吕珺

果麦
www.guomai.cn

以 微 小 的 力 量 推 动 文 明

图书在版编目（CIP）数据

财富觉醒 / 胡钦元著. — 广州：广东经济出版社，2023.12
ISBN 978-7-5454-9038-1

Ⅰ. ①财… Ⅱ. ①胡… Ⅲ. ①成功心理－通俗读物
Ⅳ. ①B848.4-49

中国国家版本馆CIP数据核字（2023）第235356号

责任编辑：陈　潇　吴泽莹
责任技编：顾逸飞　陆俊帆

财富觉醒
CAIFU JUEXING

出版发行：广东经济出版社（广州市环市东路水荫路11号11～12楼）
印　　刷：北京世纪恒宇印刷有限公司
（北京大兴亦庄经济开发区科创三街经海三路15号）

开　　本：880毫米×1230毫米　1/32　**印　　张**：5.25
版　　次：2023年12月第1版　**印　　次**：2023年12月第1次
书　　号：ISBN 978-7-5454-9038-1　**字　　数**：107千字
定　　价：49.80 元

发行电话：（020）87393830　编辑邮箱：gdjjcbstg@163.com
广东经济出版社常年法律顾问：胡志海律师　法务电话：（020）37603025
如发现印装质量问题，请与本社联系，本社负责调换。